最新
塔吊司机
培训教程

李波 主编

化学工业出版社

·北京·

本书由国内知名的工程机械驾驶培训教练编写，总结了多年实际职业培训的要求、经验和方法编写而成，内容实用，可操作性强。本书主要教会塔式起重机（塔吊）驾驶员认识、了解塔吊的整体结构，如何一步一步地学会操作塔吊，并逐步掌握熟练操作的技巧；同时还介绍了保养维护的基本知识和要求，以及必要的安全操作规程和安全注意事项。另外，还介绍了新机型、新技术的理论及应用，使得读者既能操作普通机型又能操作最新机型。

本书不仅适用于专业技术培训学校，也可供售后服务人员、维修人员自学参考。

图书在版编目（CIP）数据

最新塔吊司机培训教程/李波主编. —北京：化学工业出版社，2014.11（2023.6重印）
ISBN 978-7-122-21755-4

Ⅰ. ①最… Ⅱ. ①李… Ⅲ. ①塔式起重机-技术培训-教材 Ⅳ. ①TH213.3

中国版本图书馆 CIP 数据核字（2014）第 206651 号

责任编辑：张兴辉　　　　　　　　　　文字编辑：项　潋
责任校对：边　涛　　　　　　　　　　装帧设计：王晓宇

出版发行：化学工业出版社（北京市东城区青年湖南街 13 号　邮政编码 100011）
印　　装：天津盛通数码科技有限公司
850mm×1168mm　1/32　印张 10½　字数 276 千字
2023 年 6 月北京第 1 版第 8 次印刷

购书咨询：010-64518888　　　　　　售后服务：010-64518899
网　　址：http://www.cip.com.cn
凡购买本书，如有缺损质量问题，本社销售中心负责调换。

定　　价：39.80 元　　　　　　　　版权所有　违者必究

前言
FOREWORD

　　近几年随着科学技术的快速发展，工程机械新技术、新产品的不断涌现，塔吊（塔式起重机）也有了新一代的产品，确立了新的机械理论体系。为满足职业技术培训学校及企业工程机械驾驶培训的需要。我们在过去已编《塔吊操作工培训教程》一书基础上，根据近年来塔吊培训中反馈的信息，有针对性地改编了《最新塔吊司机培训教程》一书。本书在原有基础理论技术的基础上，添加了新理论、新技术、新内容和新的操作方法。主要解决塔吊驾驶员的实际操作能力，以及管理服务人员在塔吊施工现场分析和解决问题的能力。

　　《最新塔吊司机培训教程》是针对新一代塔吊，电动机理论技术、电气控制以及电脑监控运用的操作，以了解认识塔吊、会开塔吊、熟练掌握施工操作技巧，最终成为一名既是操作高手，又会维护保养的合格驾驶员而编写的。

　　本教程按塔吊培训的内容分为：塔吊常识；塔吊安全要求；塔吊结构基础知识；塔吊操作技术；塔吊维护保养以及塔吊故障诊断。在论述塔吊操作过程中，必须掌握哪些理论知识（应知），需要具备哪些技能（必会），同时在完成这些技能时要注意哪些事项，及有哪些经验技巧可以供参考，通过这些内容的学习体现该教程做什么、学什么；学什么、用什么。使之体现出学以致用的最大特点。

　　本书由李波主编，朱永杰、李秋为副主编，李文强、徐文秀、马志梅等人参与编写。

　　由于编者水平有限，在编写过程中难免出现不足之处，恳请广大读者批评指正。

编者

目录

CONTENTS

第2篇　塔式起重机结构与原理

第3篇　塔式起重机驾驶作业

第1篇
塔式起重机驾驶基础

第1篇

第1章
塔式起重机简介

1.1 塔式起重机的用途和分类

1.1.1 塔式起重机的用途

塔式起重机（又称为塔吊）是一种塔身直立，起重臂铰接在塔帽下部，能够做360°回转的起重机，常用于房屋建筑和设备安装，具有适用范围广、起升高度高、回转半径大、工作效率高、操作简便、运转可靠等特点。塔式起重机具备起重、垂直运输和短距离水平运输的功能，在建筑施工中得到广泛使用，特别对于高层建筑施工来说，更是一种不可缺少的重要施工机械。

塔式起重机简称塔机或塔吊，为什么叫塔式起重机呢？因为早期的塔式起重机设计得像铁塔，因而得名为"塔式起重机"。现代的塔机除了塔身钢构件，已经很难看出铁塔的样子了。

图 1-1 塔式起重机应用

如图 1-1 所示，由于塔式起重机机身较高，其稳定性就较差，并且拆、装转移较频繁以及技术要求较高，也给施工安全带来一定困难，操作不当或违章装、拆则极有可能发生塔式起重机倾覆的事故，造成严重的经济损失和人身伤亡。为此，机械管理、安装、拆卸人员、机械操作人员必须从思想上引起高度重视，全面掌握塔式起重机的技术性能，从业务上掌握正确的安装、拆卸、操作的技能，保证塔式起重机的正常运行，确保安全生产。

1.1.2 塔式起重机的分类

在建筑安装工程中，能同时完成重物的垂直升降和水平移动的起重机械种类很多，其中应用最广泛的是塔式起重机，因为它具有其他起重机械难以相比的优点，如塔身高、起重臂装于塔身顶部，有效起吊重高度大；起重臂较长，有效作业面广；还能同时进行起升、回转、行走、变幅等动作，生产效率高；与其他起重机相比结构较为简单，运转可靠，维修保养也较为容易。因此塔式起重机已成为现代高层工业与民用建筑机械化、装备化中不缺少的主要施工机械。

塔机按照不同的特征分类的方法很多，而且有的要相互交叉，一时很难叙述清楚。对塔机分类首先要抓住主要特征，分出大类后再抓次要特征去细分，就容易搞清楚了。

(1) 按回转支承位置分类，塔式起重机可以分为上回转塔机和下回转塔机

上回转塔机回转支承靠近顶部，下回转塔机回转支承靠近底部。这种塔机的性能和应用范围、受力特性、安装方法等方面差别都很大，所以是最重要的一个特性分类。

① 上回转塔机的起重臂、平衡臂、塔帽、起升机构，回转机构、变幅机构、电控系统、驾驶室，平衡重都在回转支承以上，即塔身不旋转，而是通过支承装置安装在塔

图 1-2　上回转塔机

顶上的转塔（起重臂、平衡臂、塔帽等）旋转，如图 1-2 所示。

它的自身不平衡力矩和起重力矩，就作用在塔身顶部，所以塔身以受弯为主，受压力为辅。正是依靠塔身，把力矩和压力从上面一直传到底部。上回转塔机的突出优点是可以随时加节升高，可以附着升得很高，起升高度可根据需要调整，可以在平衡臂超过建筑物高度的情况下更接近建筑物，从而扩大起吊范围，所以中高层建筑都用上回转塔机。这是目前用得最多的塔机。但是，由于它的塔身要承受很大的弯矩，故容易晃动，重心高，安装、拆卸较复杂，自升加节和超力矩倒塔的危险性比较大，这是使用和管理上要引起高度注意的。

　② 下回转塔机的回转支承就在底架之上，工作时塔身也回转，如图1-3所示。

图1-3　下回转塔机

　下回转塔机的顶部只有起重臂、撑杆和拉杆，如认为必要也可挂一个副驾驶室。而它的平衡臂、平衡重、起升机构、回转机构、电控系统、主驾驶室都在下面，所以它的维护管理、维修比较方便，重心低。更重要的是它的顶部没有不平衡力矩，不平衡力矩和起重力矩通过平衡拉杆受拉和塔身受压一直传到底部，塔身很少受弯，所以晃动小，起吊平稳，而且可以节约材料，减轻重量，降低成本。下回转塔机的这种受力特性使它不容易出现倒塔，比上回转塔机安全得多。但下回转塔机的最大缺点是不能自升和附着，故它的工作高度要低于上回转塔机。在 12 层以下的中低层建筑，使用下回转塔机比使用上回转自升式塔机要合算得多，也安全得多。但是，在我国几乎到处是上回转塔机唱独角戏。

（2）按臂架结构方式分类，分为小车变幅塔机和动臂变幅塔机

图 1-4 所示为小车变幅塔机，就是平常见到的水平臂架，其上有一个小车，臂架通常为三角形截面，下面两根主弦杆作为小车的导轨。臂架内有一牵引机构，为小车转动提供动力。这种塔机的臂架可以制得很长，国产塔机最长的已达 75m，所以小车变幅塔机应用非常广泛，上回转塔机和下回转塔机都用。有了小车变幅，大塔不行走就可以满足工作面的要求。

图 1-4　小车变幅塔机　　　　　图 1-5　动臂变幅塔机

图 1-5 所示为动臂变幅塔机，其臂架是一根桁架的受压柱，一般为矩形截面。下端铰接到回转塔身顶端，上端用拉索连接塔帽或撑杆。

（3）按安装方式分类，分为快装式塔机、自升式塔机和内爬式塔机

① 快装式塔机本身带有专用拖行和架设装置，可以把臂架和塔身折叠起来，实现整体拖运；到工地后，又可很快将它立起来，所以更准确地说应该叫作整体拖运快速安装塔机。

② 自升式塔机的塔身也是由标准节拼装起来的，实际上也是拼装式塔机的一种。但是它还配有顶升加节系统，装好以后它可以随

时顶升加节升高，这一特点更为突出。自升式塔机最大的优点是可以附着，可以升很高，因而特别适应于中高层建筑和桥梁建筑，是我国现有塔机中最常用的。图1-6所示为附着式塔机。自升式塔机都是上回转塔机，因为它要附着，不允许塔身回转。

③ 内爬式塔机的塔身同样也由标准节拼装而成，在其底部有一套专用的井道爬升装置，它就可以沿井道爬得很高，送料高度可以很高，但不必加很多标准节。而且它处于建筑物内部，故工作覆盖面较大。图1-7所示为内爬式塔机。

图1-6　附着式塔机

图1-7　内爬式塔机

内爬式塔机的缺点在于爬升和拆塔操作都比较困难，因而不像自升式塔机那样用得那么多。

（4）按底架是否移动，分为固定式塔机和行走式塔机

固定式塔机制底架固定在一个混凝土基础上，如图1-8（a）所示，只要地基可靠，一般抗倾翻稳定性好，比较安全；而行走式塔机底架通过钢轮在钢轨上行走，如图1-8（b）所示，其工作覆盖面可以大大增加，但只能以独立式工作高度工作。

为了防止倾翻，底架上必须加很大的压重，底梁必须大大加强，否则很容易变形、倾斜。行走台车和驱动机构都大大增加成本，而且电缆要有专用装置收放，所以如果能有长臂架覆盖工作面的塔机可选，最好不要使用行走式塔机，这样有利于节约成本，而且对保障安全有好处。

(a) 固定式塔机　　　　　(b) 行走式塔机

图 1-8　固定式塔机和行走式塔机

1.2　塔式起重机型号编制方式

为了快速有效地区别各种塔机的品种规格，应当了解我国塔机的型号编制方法。

根据 JG/T 5093－1997《建筑机械与设备产品型号编制方法》的规定，我国塔式起重机的型号示例如下。

设计序号

主参数代号(起重力矩，kN·m)

类型、特征代号(汉语拼音第一个字母)

产品类组代号(汉语拼音第一个字母)

塔式起重机是起（Q）重机大类的塔（T）式起重机组，故前两个字母 QT；特征代号看强调什么特征，如快装式用 K、自升式用 Z、固定式用 G、下回转用 X 等。例如：

QTK400——代表起重力矩为 400kN·m 的快装式塔机。

QTK800B——代表起重力矩为 800kN·m 的自升式塔机，第二次改装型设计。

但是，以上型号编制方法只表明起重力矩，并不能清楚地表示一台塔机的工作最大幅度是多大，在最大幅度处能吊多重。而这个数据往往更能明确表达一台塔机的工作能力，用户更为关心，所以现在又有一种新的型号标识方法：

这个型号标记方法不成正式标准，但很受欢迎，传播应用较广泛，应该掌握。

此处某些生产厂还用自己的型号标识方法。例如，JL150 即江麓厂生产的 QTZ150 塔机。

1.3 塔式起重机参数与技术性能

塔式起重机参数包括基本参数和主参数。基本参数共 10 项，根据 GB 5031—1994 规定，包括幅度、起升高度、额定起重量、轴距、轮距、起重总量、尾部回转半径、额定起升速度、额定回转速度、最低稳定速度。主参数是公称起重力矩。

1.3.1 塔式起重机基本参数

(1) 幅度

幅度是塔机空载时，从塔式起重机回转中心线至吊钩中心垂线的水平距离，通常称为回转半径或工作半径。对于俯仰变幅的起重臂，当处于接近水平或与水平夹角为 13°时，从塔式起重机回转中心线至吊钩中心线的水平距离最大，为最大幅度；当起重臂仰至最大角度时，回转中心线至吊钩中心线距离最小，为最小幅度。对于小车变幅的起重臂，当小车行至臂架头部端点位置时，为最大幅度；当小车处于臂架根部端点位置时，为最小幅度。

选用塔式起重机首先要考虑塔式起重机的最大幅度是否满足施工需要。塔式起重机应具备的最大幅度 L_0 应按下式计算

$$L_0 = A + B + \Delta l$$

式中 A——由轨道基础中心线至拟建的建筑物外墙皮的距离，对于下回转塔式起重机，A 应取为塔式起重机尾部回转半径＋安全操作距离（0.7～1m）；对于上回转塔式起重机，A 应取为塔式起重机平衡臂尾部回转半径＋安全操作距离，如平衡臂超过建筑物的标高，则 A 可以缩短为起重机回转中心至建筑物外墙皮最近处的水平距离＋安全操作距离；

B——多层建筑物的宽度；

Δl——为便于构件堆存和构件挂钩而预留的安全操作距离，取 1.5～2m。

小车变幅起重臂塔式起重机的最小幅度应根据起重机构造而定，一般为 2.5～4m。俯仰变幅起重臂塔式起重机的最小幅度，一般相当于最大幅度的 1/3（变幅速度为 5～8m/min 时）或 1/2（变幅速度为 15～20m/min 时）。如小于上述值，起重臂就有可能由于惯性作用向后倾翻造成重大事故。

(2) 额定起重量

额定起重量是起重机安全作业允许的最大起升载荷，包括物品、取物装置（吊梁、抓斗、起重电磁铁等）的重量。臂架起重机不同的幅度处允许不同的最大起重量。塔机基本臂最大幅度处的额定起重量列为塔式起重机的基本参数。此外，塔机还有两个起重量参数，一个是最大幅度时的起重量，另一个是最大起重量。

俯仰变幅起重臂的最大幅度起重量是随吊钩滑轮组绳数不同而不同的，单绳时最小，3绳时最大。它的最大起重量是在最小幅度位置。

小车变幅起重臂有单、双起重小车之分。单小车又有 2 绳和 4 绳之分，双小车多以 8 绳工作。因此，小车变幅起重臂也有 2 绳、4 绳、8 绳之分。有的则分为 3 绳和 6 绳两种。小车变幅起重臂的最大幅度起重量是小车位于臂头以 2 绳工作时的额定起重量，而最大起重量则是单小车 4 绳时或双小车 8 绳时的额定起重量。

塔式起重机的额定起重量是由起升机构的牵引力、起重机金属结构的承载能力以及整机的稳定性等因素决定的。超负荷作业会导致严重事故，因此，所有塔式起重机都装有起重量限制器，以防止超载事故造成机毁人亡的恶果。

（3）起重力矩

塔式起重机的主参数是公称起重力矩。公称起重力矩是指起重臂为基本臂长时最大幅度与相应额定起重量的乘积。

塔式起重机在最小幅度时起重量最大，随着幅度的增加，起重量相应递减。因此，在各种幅度时都有额定的起重量。不同的幅度和相应的起重量连接起来，可以绘制成起重机的性能曲线图。所有起重机的操纵台旁都有这种曲线图，使操作人员能掌握在不同幅度下的额定起重量，防止超载。有些塔式起重机能加高塔身，由于塔身结构高度增加，风荷载及由风而构成的倾翻力矩也随之增大，导致起重稳定性差，因此，必须增加压重和降低额定起重量以保持其稳定性。

有些塔式起重机能配用几种不同臂长的起重臂，对应每一种长度的起重臂都有其特定的性能曲线。对于小车变幅起重臂起重量大小与变幅小车台数和吊钩滑轮组工作绳的绳数有关，因此对应每一种长度的起重臂至少有两条性能曲线，塔式起重机使用中，应随时注意性能曲线上的额定起重量。为防止超载，每台塔式起重机上还装设力矩限制器，以保证安全。

（4）起升高度

起升高度也称吊钩高度。空载时，对轨道式塔机，是吊钩内最低点到轨顶面的垂直距离；对其他型式起重机，则为吊钩内最低点到支承面的距离。对于小车变幅塔式起重机来说，其最大起升高度并不因幅度变化而改变。对于俯仰变幅塔式起重机来说，其起升高度是随不同臂长和不同幅度而变化的。

最大起升高度是塔式起重机作业时严禁超越的极限，如果吊钩吊着重物超过最大起升高度继续上升，必然要造成起重臂损坏和重物坠毁甚至整机倾翻的严重事故。因此每台塔式起重机上都装有吊钩高度限位器，当吊钩上升到最大高度时，吊钩最大高度限位器便自动切断电源，阻止吊钩继续上升。

（5）工作速度

塔式起重机的工作速度参数包括：起升速度、回转速度、俯仰变幅速度、小车运行速度和大车运行速度等。在塔式起重机的吊装作业循环中，提高起升速度，特别是提高空钩起落速度，是缩短吊装作业循环时间，提高塔式起重机生产效率的关键。

塔式起重机的起升速度不仅与起升机构牵引速度有关，而且与吊钩滑轮组的倍率有关。2绳的比4绳的快1倍。提高起升速度，必须保证能平衡地加速、减速和就位。

在吊装作业中，变幅和大车运行不像起升那样频繁，其速度对作业循环时间影响较小，因此不要求过快，但必须能平衡地启动和制动。

(6) 轨距、轴距、尾部外廓尺寸

轨距是两条钢轨中心线之间的水平距离。常用的轨距是2.8m、3.8m、4.5m、6m、8m。

轴距是前、后轮轴的中心距。在超过4个行走轨（8个、12个、16个）的情况下，轴距为前、后枢轴之间的中心距。

尾部外廓尺寸，对于下回转塔式起重机来说，是由回转中心线至转台尾部（包括压重块）的最大回转半径。对于上回转塔式起重机来说，是由回转中心线至平衡臂尾部（包括平衡块）的最大回转半径。

塔式起重机的轨距、轴距及尾部外廓尺寸，不仅关系到起重机的幅度能否充分利用，而且是起重机运输中能否安全通过的依据。

1.3.2 起重设备的名词术语

① 起重量 G 被起升重物的质量。

② 有效起重量 G_p 起重机能吊起的重物或物料的净质量。对于幅度可变的起重机，根据幅度规定有效起重量。

③ 额定起重呈 G_n 起重机允许吊起的重物或物料，连同可分吊具（或属具）质量的总和（对于流动式起重机，包括固定在起重机上的吊具）。对于幅度可变的起重机，根据幅度规定起重机的额定起重量。

④ 总起重量 G_t 起重机能吊起的重物或物料，连同可分吊具和长期固定在起重机上的吊具或属具（包括吊钩、滑轮组、起重钢丝绳以及在臂架或起重小车以下的其他起吊物）的质量总和。对于幅度可变的起重机，根据幅度规定总起重量。

⑤ 最大起重量 G_{max} 起重机正常工作条件下，允许吊起的最

大额定起重量。

⑥ 起重力矩 M 　幅度 L 和相应起吊物品重量 Q 的乘积（图 1-9）。

⑦ 起重倾覆力矩 M_A 　起吊物品重量 Q 和从载荷中心线至倾覆线距离 A 的乘积（图 1-10）。

图 1-9　幅度 L 和起吊物品重量 Q

图 1-10　A 和 Q 示图

⑧ 起重机总质量 G 　包括压重、平衡重、燃料、油液、润滑剂和水等在内的起重机各部分质量的总和。

⑨ 轮压 p 　一个车轮传递到轨道或地面上的最大垂直载荷（按工况不同，分为工作轮压和非工作轮压），见图 1-11。

⑩ 外伸支腿最大压力 　支腿全伸进行起重作业时，一个支腿座承受的最大法向反作用力。

⑪ 幅度 L 　起重机置于水平场地时，空载吊具垂直中心线至回转中心线之间的水平距离（非回转浮式起重机为空载吊具垂直中心线至船舷护木的水平距离），见图 1-12。

图 1-11　轮压 p

图 1-12　幅度 L

⑫ 最大幅度 L_{max} 　起重机工作时，臂架倾角最小或小车在臂架最外极限位置时的幅度。

⑬ 最小幅度 L_{min}　臂架倾角最大或小车在臂架最内极限位置时的幅度。

⑭ 吊具横向极限位置 C　起重机轨道中心线和吊具垂直中心线之间的最小水平距离。

⑮ 起升高度 H　起重机水平停车面至吊具允许最高位置的垂直距离。对吊钩和货叉算至它们的支承表面；对其他吊具，算至它们的最低点（闭合状态）；对桥式起重机，应是空载置于水平场地上方，从地面开始测定其起升高度，见图 1-13。

图 1-13　起升高度 H　　　　图 1-14　起升范围 D

⑯ 起升范围 D　吊具最高和最低工作位置之间的垂直距离（$D=H+h$），见图 1-14。

⑰ 起重臂长度 L_b　起重臂根部销轴至顶端定滑轮轴线（小车变幅塔式起重机为至臂端形位线）在起重臂纵向中心线方向的投影距离。

⑱ 起重机倾角　在起升平面内，起重臂纵向中心线与水平线的夹角。

⑲ 整机全长　与起重机运行方向相垂直，并分别贴靠在整机前后最外端凸出部位的两垂面之间的距离。分工作状态全长、非工作状态全长及行驶状态全长。

⑳ 整机全宽　与起重机运行方向相平行，并分别贴靠在整机

左、右两侧固定凸出部位的两垂面之间的距离。分工作状态全宽、非工作状态全宽及行驶状态全宽。

㉑ 整机全高　自起重机停车面到与整机最凸出部位相贴靠的水平面之间的距离。分为工作状态全高、非工作状态全高及行驶状态全高。

㉒ 起升（下降）速度 v_n　稳定运动状态下，额定载荷的垂直位移速度，见图1-15。

㉓ 最小下降速度 v_m　稳定运动状态下，安装或堆垛最大额定载荷时的最小下降速度，见图1-16。

图 1-15　起升速度 v_n　　　　图 1-16　最小下降速度 v_m

㉔ 起重机（大车）运行速度 v_k　稳定运动状态下，起重机（大车）运行的速度规定为在水平路面（或水平轨）上，离地 10m 高度处，风速小于 3m/s 时起重机带额定载荷时的运行速度，见图1-17。

㉕ 小车运行速度 v_t　稳定运动状态下，小车运行的速度规定为离地 10m 高度处，风速小于 3m/s 时带额定载荷的小车在水平轨道上运行的速度，见图1-18。

㉖ 起重机轨道标高 H　桥架型起重机轨道顶面和地面之间的垂直距离，见图1-19。

图 1-17　起重机运行速度 v_k　　　图 1-18　小车运行速度 v_t

㉗ 起重机停车面　支承起重机运行装置的基础或轨顶水平面。

起重机轨道或路面在不同水平面时，最低的支承水平面为起重机的停车面。

图 1-19 起重机轨道标高 H_o

图 1-20 跨度 S

㉘ 跨度 S 桥架型起重机支承中心线之间的水平距离，见图 1-20。

㉙ 基距（轴距）B 沿起重机（或小车）纵向运动方向的起重机（或小车）支承中心线之间的距离。

㉚ 外伸支腿纵向间距 B 沿起重机纵向运行方向的外伸支腿垂直中心线之间的距离，见图 1-21。

㉛ 外伸支腿横向间距 K 垂直于起重机纵向运动方向的外伸支腿垂直中心线之间的距离，见图 1-22。

图 1-21 外伸支腿纵向距离 B_o

图 1-22 外伸支腿横向距离 K_o

㉜ 制动距离 工作机构从操作制动开始到机构停住，吊具（或大车、小车）所经过的距离。

㉝ 工作循环 起重机吊运重物时，包括装载、工作行程、卸载、空返回程及装卸辅助准备工作在内的一次装卸总工作过程。

㉞ 工作周期（循环时间） 起重机一个工作循环的总时间

（指起重机开始提升某一重物到开始提升下一个重物所需的时间）。

㉟ 工作级别 考虑起重量和时间的利用程度以及工作循环次数的起重机械特性。

㊱ 起重机工作级别 按起重机利用等级（整个设计寿命期内，总的工作循环次数）和载荷状态划分的起重机工作特性。

㊲ 机构工作级别 按机构利用、等级（机构在使用期限内，处于运转状态的总小时数）和载荷状态划分的机构工作特性。

㊳ 生产率（生产能力） 表明起重机装卸能力的综合指标。根据起重量及机构重叠工作的程度进行计算，以 t/h 表示。

㊴ 下降深度 h 吊具最低工作位置与起重机水平支承面之间的垂直距离。对吊钩的货叉，从其支承面算起；对其他吊具，从其最低点算起（闭合状态）。桥式起重机从地平面起算下降深度，应是空载置于水平场地上方，测定其下降深度，见图 1-23。

㊵ 小车运行 起重小车沿桥架、承载索、臂架或悬臂的移动。

㊶ 钢丝定滑轮组倍率 通过吊钩滑轮组的挠性件分支数与引入卷筒（或链轮）的挠性件根数之比。

㊷ 启动时间 在工作载荷作用下，机构速度从零增至额定值时所需时间。

图 1-23 下降深度 h

㊸ 制动时间 在工作载荷作用下，通过制动器使机构的速度从额定值降至零值时所需的时间。

㊹ 重力下降 使起升卷筒与其驱动机构脱开，重物在自重和取物装置的重力作用下降落（可由制动器控制下降速度）。

㊺ 微速下降 安装或堆垛作业时，载荷以微小速度下降。

㊻ 动力下降 起升卷筒与其驱动机构不脱开，靠起升机构反向运转使重物下降。

㊼ 起重机运行 起重机作业状态时，整台起重机的移动。

㊽ 点动 短暂接触通电以获得微小动作。

㊾ 载试验 将超过额定起重量的静载荷加到取物装置上，以

考核起重机强度和稳定性的试验。

㊿ 动载试验 在超过额定起重量的动载荷作用下，完成规定的各个工作运动，以考核起重机性能的试验。

㊿ 起重机设计质量 G_k 不包括压重、平衡重、燃料、油液、润滑剂、水等的起重机质量。对于臂架型起重机为主臂架和平衡重组合的情况下，不包括压重、燃料、油液润滑剂、水等的起重机质量。

第**2**章
塔式起重机安全操作与规程

2.1 塔式起重机的稳定性

2.1.1 塔式起重机的起重特性

塔式起重机的起重特性由起重量特性和起升高度特性组成。起重特性是选择类型、型号、安全使用和操作塔式起重机的依据。

在选择塔式起重机类型和型号时，首先应确定建筑安装最大工作幅度和建筑安装所需最大起升高度。根据建筑安装构件所需最大起重高度选择塔式起重机的类型，根据建筑安装构件的距离和构件的重量来确定塔式起重机的型号。具体地说就是塔式起重机要满足起重力矩、工作幅度、起重量和起升高度的要求。

如果所选具体型号的塔式起重机满足建筑安装最大工作幅度和建筑安装所需最大起升高度的要求，还应根据该塔式起重机的起重量性能曲线或起重量性能表，进一步校核在不同的工作幅度处安装构件的重量是否超过额定起重量；在吊装构件距塔式起重机回转中心线最远处安装，该机的起重力矩是否满足要求，以此保证塔式起重机的工作稳定性和可靠性。

（1）起重量特性

塔式起重机的额定起重量是随着幅度而变化的。塔式起重机的起重量随幅度变化的关系，称为起重量特性。通常这种关系用曲线表达则称为起重量特性曲线，用表来表达则成为起重量特性表。

图 2-1 所示为 QTZ63 型塔式起重机的起重量特性曲线。在直角

坐标系中，横坐标表示幅度，纵坐标表示额定起重量。一台塔式起重机在起重臂拼装成不同长度时，它们的起重量特性曲线也不一样，为了方便起见，通常将这些曲线绘在同一张图上。图 2-1 所示的两条曲线，分别代表起重臂在 45m 和 50m 时额定起重量随幅度的变化关系。利用起重特性曲线便可查出在某一确定幅度下起重机的额定起重量，也可以查出在某一确定的额定起重量下所对应的幅度。

图 2-1　QTZ63 型塔式起重机起重量特性曲线

每台起重机都应有起重量与起重幅度的对应表，即起重量特性表。表 2-1 为起重臂在 50m 时的 QTZ63 型塔式起重机的起重量特性表。

表 2-1　QTZ63 型塔式起重机起重臂在 50m 时的起重量特性表

幅度/m		2～13.72	14	14.48	15	16	17	18	19
吊重 /kg	2 绳	3000	3000	3000	3000	3000	3000	3000	3000
	4 绳	6000	5865	5646	5426	5046	4712	4417	4154

(2)起升高度特性

水平起重臂小车变幅式的塔式起重机,起升高度不随幅度变化。有些(如动臂式、折臂式等)则是随幅度而变化的。这个变化关系,也可以用直角坐标图中的曲线表示出来。横坐标轴表示幅度,纵坐标轴表示起升高度。表示最大起升高度随幅度变化的曲线叫做起升高度曲线。为了方便起见,通常将同一台塔式起重机的起重臂拼装成不同长度时的高度曲线绘在同一张坐标图上。

2.1.2　塔式起重机的稳定性

　　力作用在物体上,可以使物体移动,同样也可以使物体转动。例如用扳手拧螺栓时,螺栓发生转动。为了度量力使物体转动的效果,需要引入"力对点的矩"的概念。物体转动的中心称为"矩心",矩心到力作用线的垂直距离 L 称为力臂。力 P 使物体转动的效果不但与力的大小有关,而且与力臂的长短有关,所以用力与力臂的乘积 PL 来衡量力使物体转动的效果,称为力对点的矩,简称力矩。

$$M_o(P) = PL \qquad\qquad (2\text{-}1)$$

　　力矩的单位取决于力的单位和长度单位,用牛顿·米(N·m)或千牛顿·米(kN·m)表示。

　　如图 2-2 所示,作用在塔式起重机上的各种荷载,对倾翻边引起的力矩有两种:一种是起倾翻作用的叫做倾翻力矩,起倾翻作用的力有起吊重物引起的重力、风力以及惯性力;另一种是起稳定作用的叫做稳定力矩,对塔式起重机起稳定作用的力有自重、压重、平衡重。

图 2-2　塔式起重机倾翻力矩示意图

倾翻力矩和稳定力矩的大小随各种工作状况的不同而改变。塔式起重机的抗倾翻稳定性能是变化着的,在一种工况下可能抗倾翻稳定性能很好,而在另一种工况下可能变得很差。塔式起重机稳定性的条件是:作用在塔式起重机及其部件的各种力的大小和方向均取最不利的组合条件下,包括自重、压重、平衡重荷载在内的各项荷载对倾翻边的稳定力矩要大于或等于起吊重物引起的重力、风力以及惯性力对倾翻边的倾翻力矩,只有达到这一要求,才能保证塔式起重机不倾翻。

2.1.3 塔式起重机的稳定性验算

塔式起重机的稳定性,是指塔式起重机抵抗风荷载、吊重、惯性荷载、基础坡度等倾翻因素的影响,保持原有稳定状态的能力。各种塔式起重机,都必须具备在各种不利情况下,保持良好稳定性的性能,否则会造成塔式起重机倾翻。

塔式起重机在安装、使用和拆卸中,最基本的要求是防止塔式起重机的整机倾翻。由于塔式起重机具有幅度大和高度高的特点,塔式起重机高度与其支承轮廓尺寸的比值很大,因而保证整体稳定性是一个非常突出的问题。在对塔式起重机进行稳定性计算时一般都考虑风荷载损性荷载和基础、轨道倾斜度等的影响。而且一般都需要进行工作状态(起重稳定性)、非工作状态(自身稳定性)和安装、拆卸时的稳定性验算。

根据 GB 5144—2006《塔式起重机安全规程》和 GB/T 13752—1992《塔式起重机设计规范》的规定,对塔式起重机的稳定性,要进行无风静载工况、有风动载工况、突然卸载工况、安装工况和暴风袭击下的非工况进行计算,最后根据最危险的倾翻状态,来确定基础的重量或应加的压重。

① 无风静载工况的稳定性　无风静载工况的稳定性为基本稳定性,指在没有风荷载情况下,工作时吊起重物不动时的抗倾翻能力。

② 有风荷载工况的稳定性　有风荷载工况的稳定性为动态稳定性,指在有风荷载的情况下,塔式起重机处于运动状态,即塔式起重机正常工作有吊重和惯性力作用时的抗倾翻能力。

③ 突然卸载工况的稳定性　指吊重在运行中突然脱落或用料

斗装运散料卸载时的抗倾翻能力。

④ 暴风袭击非工况的稳定性 指大风吹动时,塔式起重机非工作状态下的抗倾翻能力。

⑤ 安装工况的稳定性 安装工况分好几个阶段:一是先装了平衡臂,向后倾;二是装上起重臂,但尚未装平衡重,向前倾;三是装平衡重,即空车状态,又向后倾。但以上三个阶段,以只安装了平衡臂和起重臂,尚未安装平衡重时,稳定力矩最小,此时倾翻力矩却较大,故应取作为危险的安装工况。故安装工况的稳定性指以只安装了平衡臂和起重臂,尚未安装平衡重时的抗倾翻能力。

2.2 物体的重力、重心和吊点位置的选择

2.2.1 物体的重力

起重作业时,当被吊装构件和物体的重力没有直接提供时,必须正确确定构件和物体的重力,用于进一步核定实际起重量和工作倾度,再依据塔式起重机的起重量性能判断是否超过额定起重量。

物体的重力表示物体受地球引力的大小,与物体的质量有关。物体的质量表示物体所含物质的多少,等于物体的体积×物体材料的密度。物体的重力可根据下式计算

$$G = mg - VPg \qquad (2\text{-}2)$$

式中 G——物体的重力,N;

m——物体的质量,kg;

V——物体的体积,m³;

P——物体材料的密度,kg/m³;

g——重力加速度,9.81m/s²,可以理解为质量为1kg的物体受到的重力大小约为10N。

物体体积的计算,对于简单规则的几何形体,可按表2-2中的计算公式计算;对于复杂的物体,可将其分解成几个规则的或近似的几何形体,求其体积的总和。

表 2-2　各种几何形体体积计算公式表

名　称	图　形	公　式
立方体		$V=a^3$
长方体		$V=abc$
圆柱体		$V=\dfrac{\pi}{4}d^2h=\pi R^2h$ 式中　R——半径
空心圆柱体		$V=\dfrac{\pi}{4}(D^2-d^2)h=\pi(R^2-r^2)h$ 式中　r,R——内、外半径
斜截正圆柱体		$V=\dfrac{\pi}{4}d^2\dfrac{(h_1+h)}{2}=\pi R^2\dfrac{(h_1+h)}{2}$ 式中　R——半径
球　体		$V=\dfrac{4}{3}\pi R^3=\dfrac{1}{6}\pi d^3$ 式中　R——底圆半径 　　　　d——底圆直径
圆锥体		$V=\dfrac{1}{12}\pi d^2h=\dfrac{\pi}{3}R^2h$ 式中　R——底圆半径 　　　　d——底圆直径

名　称	图　形	公　式
任意三棱体		$V=\dfrac{1}{2}bhl$ 式中　b——边长 　　　h——高 　　　l——三棱体长
截头方锥体		$V=\dfrac{h}{6}\times[(2a+a_1)b+(2a_1+a)b_1]$ 式中　a,a_1——上下边长 　　　b,b_1——上下边宽 　　　h——高
正六角棱柱体		$V=\dfrac{3\sqrt{3}}{2}b^2h$ $V=2.598b^2h\approx2.6b^2h$ 式中　b——底边长

物质单位体积的质量称为该种物质的密度,密度的单位是 kg/m³。建筑施工中常见材料的密度见表 2-3。

表 2-3　建筑施工中常见材料的密度　　　　　10^3 kg·m⁻³

物体材料	密　度	物体材料	密　度
水	1.0	混凝土	2.4
钢	7.85	碎石	1.6
铸铁	7.2~7.5	水泥	0.9~1.6
铸铜、镍	8.6~8.9	砖	1.4~2.0
铝	2.7	煤	0.6~0.8
铅	11.34	焦炭	0.35~0.53
铁矿	1.5~2.5	石灰石	1.2~1.5
木材	0.5~0.7	造型砂	0.8~1.3

举例计算重力。如图 2-3 所示，起重机的料斗上口长 1.2m，宽 1m，下底面长 0.8m，宽 0.5m，高 1.5m，试计算满斗混凝土的重力。

图 2-3 起重机的料斗

查表 2-3 得知混凝土的密度：$\rho=2.4\times10^3 \text{kg/m}^3$。

料斗的体积：$V=\dfrac{h}{2}[(2a+a_1)b+(2a_1+a)b_1]$

$$=\dfrac{1.5}{6}[(2\times1.2+0.8)\times1+(2\times0.8+1.2)\times0.5]$$

$$=1.15 \ (\text{m}^3)$$

混凝土的质量：$m=\varphi V=2.4\times10^3\times1.15=2.76\times10^3(\text{kg})$

混凝土的重力：$G=mg=2.76\times10^3\times10=27.6(\text{kN})$

2.2.2 重心和吊点位置的选择

(1)重心

重心是物体所受重力合力的作用点，物体的重心位置由物体的几何形状和物体各部分的质量分布情况来决定。质量分布均匀、形状规则物体的重心在其几何中心。物体的重心相对物体的位置是一定的，它不会随物体放置位置的改变而改变。物体的重心可能在物体的形体之内，也可能在物体的形体之外。

物体重心的位置有非常重要的意义，如塔式起重机起重量过大而平衡重过小，就会造成整个塔式起重机的重心前移到支承面积之外，以致发生翻倾。

重心位置对物体的吊运、安装也非常重要，如果起吊时物体的重心不在吊钩的正下方，那么在物体离开地面时就不能保持平衡，以致发生危险。

确定物体重心位置的方法有以下三种。

① 利用形体的对称性确定重心 日常所见物体多为均质物体，而且很多常见的形体都有一定的对称性，即具有对称面、对称轴线或对称中心。凡具有对称面、对称轴线或对称中心的均质物体，其重心必在其对称面、对称轴线或对称中心上。

利用形体的对称性，能确定出很多几何形体的重心。例如，球体的重心就是球心，矩形物体的重心就是矩形中心（两对角线的交点），环形物体的重心就是圆环中心（与此处是否有物质无关），三角形的重心为三角形顶点与对边中点连线的交点。

② 用悬挂法确定重心 对于形状不规则的物体，常用悬挂法确定重心。如图 2-4 所示，方法是在物体上任意找一点 A，用绳子把它悬挂起来，物体的重力和悬索的拉力必定在同一条直线上，也就是重心必定在通过 A 点所作的竖直线 AD 上；再取任一点 B，同样把物体悬挂起来，重心必定在通过 B 点所作的竖直线 BE 上。这两条直线的交点，就是该物体的重心。

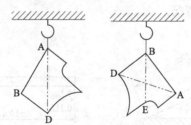

图 2-4 悬挂法求形状不规则物体的重心

③ 用计算法确定中心 任何一个质量分布均匀的不规则物体都可以分割为多个规则的部分，因此根据力矩平衡原理便可求出它们的重心，即

$$重心坐标 = \frac{各部分面积（或体积）与各部分重心坐标乘积的总和}{整个面积（或体积）}$$

对于塔式起重机及组合式的桁架类构件等，确定其重心时也可应用上述计算方法，只不过在上述公式中将"面积（或体积）"改成重力即可。

(2)吊点位置和数量的选择

在起重作业中,应当根据被吊物体来选择吊点位置和数量,吊点位置和数量选择不当就会造成吊索受力不均,甚至发生被吊物体转动和倾翻的危险,还可使长宽比较大的构件发生变形、开裂,甚至折断。吊点位置和数量的选择,一般按下列原则进行。

① 有设计吊点 吊运各种设备和构件时,要用原设计的吊耳或吊环。

② 无设计吊点 吊运各种设备和构件时,如果没有吊耳或吊环,可在靠近设备或构件的四个端点处捆绑吊索,并使吊钩中心与设备或构件的重心在同一条铅垂线上。有些设备虽然未设吊耳或吊环,如各种罐类以及重要设备,却往往有吊点标记,应仔细检查。

③ 方形物体 吊运方形物体时,四根吊索应拴在物体的四边对称点上。

④ 细长物体 吊装细长物体时,如桩、钢筋、钢柱和钢梁等杆件,应按计算确定的吊点位置绑扎绳索。如图 2-5 所示,吊点位置的确定有以下几种情况。

(a) 单个吊点   (b) 两个吊点

(c) 三个吊点   (d) 四个吊点

图 2-5 吊点位置的确定

a. 单个吊点。起吊点位置应设在距起吊端 $0.3L$（L 为物体的长度）处。如钢管长度为 10m，则捆绑位置应设在钢管起吊端距端部 $10×0.3＝3m$ 处，如图 2-5(a)所示。

b. 两个吊点。如起吊用两个吊点，则两个吊点应分别距物体两端 $0.21L$ 处。如果物体长度为 10m，吊点位置为 $10×0.21－2.1m$，如图 2-5(b)所示。

c. 三个吊点。如物体较长，为减少起吊时物体所产生的应力，可采用三个吊点。三个吊点位置确定的方法是：首先用 $0.13L$ 确定出两端的两个吊点位置，然后把两个吊点间的距离等分，即得第三个吊点的位置，也就是中间吊点的位置。如杆件长 10m，则两端吊点位置为 $10×0.13＝1.3m$，如图 2-5(c)所示。

d. 四个吊点。选择四个吊点，首先用 $0.095L$ 确定出两端的两个吊点位置，然后再把两个吊点间的距离进行三等分，即得中间两个吊点位置。如杆件长 10m，则两端吊点位置分别距两端 $10×0.095＝0.95m$，中间两个吊点位置分别距两端 $10×0.095＋10×(1－0.095×2)/3＝3.65m$，如图 2-5(d)所示。

2.3 塔式起重机作业指挥信号

在起重机工作现场，操作人员看不见起重物，或者看不清起吊挂钩情况，或者不知道吊运目标和吊运意图，这就必须看指挥人员的指令工作。可能下面有多人发出指示，那只能明确听一人的指挥。为此，起重机驾驶员与指挥人员之间，应当依照 GB 5082－1985《起重吊运指挥信号》的规定，而且双方都应当熟练掌握和遵守这些信号规定，只有这样才能完成起吊作业。

起重机"前进"或"后退"——在指挥语言中，"前进"指起重机向着指挥人员开来，"后退"指起重机离开指挥人员而去。前、后、左、右——在指挥语言中，均以驾驶员所在位置为准。

2.3.1 通用手势信号

通用手势信号是各种类型的起重机在施工作业中普遍使用的指挥手势。通用手势信号见表 2-4。

表 2-4 通用手势信号

手势信号名称	动作要点	图　示
1. 预备(注意)	手臂伸直,置于头上方,五指自然伸开,手心朝前保持不动	
2. 要主钩	单手自然握拳,置于头上,轻触头顶	
3. 要副钩	一只手握拳,小臂向上不动,另一只手伸出,手心轻触前只手的肘关节	
4. 吊钩上升	小臂向侧上方伸直,五指自然伸开,高于肩部,以腕部为轴转动	
5. 吊钩下降	手臂伸向侧前下方,与身体夹角约为 30°,五指自然伸开,以腕部为轴转动	

手势信号名称	动作要点	图示
6. 吊钩水平移动	小臂向侧上方伸直,五指并拢,手心朝外,朝负载应运行的方向,向下挥动到与肩相平的位置	
7. 吊钩微微上升	小臂伸向侧前上方,手心朝上高于肩部,以腕部为轴,重复向上摆动手掌	
8. 吊钩微微下降	手臂伸向侧前下方,与身体夹角约为 30°,手心朝下,以腕部为轴,重复向下摆动手掌	
9. 吊钩水平微微移动	小臂向侧上方自然伸出,五指并拢手心朝外,朝负载应运行的方向,重复做缓慢的水平运动	
10. 微动范围	双小臂曲起,伸向一侧,五指伸直,手心相对,其间距与负载所要移动的距离接近	

手势信号名称	动作要点	图 示
11. 指示降落方位	五指伸直,指出负载应降落的位置	
12. 停止	小臂水平置于胸前,五指伸开,手心朝下,水平挥向一侧	
13. 紧急停止	两小臂水平置于胸前,五指伸开,手心朝下,同时水平挥向两侧	
14. 工作结束	双手五指伸开,在额前交叉	

2.3.2 专用手势信号

专用手势信号是具有特殊的起重、变幅、回转机构的起重机单独使用的指挥手势。专用手势信号见表2-5。

表 2-5　专用手势信号

手势信号名称	动作要点	图　示
1. 升臂	手臂向一侧水平伸直,拇指朝上,余指握拢,小臂向上摆动	
2. 降臂	手臂向一侧水平伸直,拇指朝下,余指握拢,小臂向下摆动	
3. 转臂	手臂水平伸直,指向应转臂的方向,拇指伸出,余指握拢,以腕部为轴转动	

手势信号名称	动作要点	图　示
4. 微微升臂	一只小臂置于胸前一侧，五指伸直，手心朝下，保持不动，另一只手的拇指对着前手手心，余指握拢，做上下移动	
5. 微微降臂	一只小臂置于胸前一侧，五指伸直，手心朝上，保持不动，另一只手的拇指对着前手手心，余指握拢，做上下移动	
6. 微微转臂	一只小臂向前平伸，手心自然朝向内侧，另一只手的拇指指向前只手的手心，余指握拢做转动	
7. 伸臂	两手分别握拳，拳心朝上，拇指分别指向两侧，做相斥运动	

手势信号名称	动作要点	图　示
8. 缩臂	两手分别握拳,拳心朝下,拇指对指,做相向运动	
9. 履带起重机回转	一只小臂水平前伸,五指自然伸出不动,另一只小臂在胸前做水平重复摆动	
10. 起重机前进	双手臂先向前平伸,然后小臂曲起,五指并拢,手心对着自己,做前后运动	
11. 起重机后退	双小臂向上曲起,五指并拢,手心朝向起重机,做前后运动	

手势信号名称	动作要点	图　示
12. 抓取(吸取)	两小臂分别置于侧前方，手心相对，由两侧向中间摆动	
13. 释放	两小臂分别置于侧前方，手心朝外，两臂分别向两侧摆动	
14. 翻转	一小臂向前曲起，手心朝上，另一小臂向前伸出，手心朝下，双手同时进行翻转	

2.3.3 船用起重机(或双机吊运)专用手势信号(表2-6)

表2-6 船用起重机(或双机吊运)专用手势信号

手势信号名称	动作要点	图 示
1. 微速起钩	两小臂水平伸向侧前方,五指伸开,手心朝上,以腕部为轴,向上摆动,如图所示。当要求双机以不同的速度起升时,指挥起升速度快的一方,手要高于另一只手	
2. 慢速起钩	两小臂水平伸向侧前方,五指伸开,手心朝上,小臂以肘部为轴向上摆动。当要求双机以不同的速度起升时,指挥起升速度快的一方,手要高于另一只手	
3. 全速起钩	两臂下垂,五指伸开,手心朝上,全臂向上挥动	

手势信号名称	动作要点	图 示
4. 微速落钩	两小臂水平伸向侧前方，五指伸开，手心朝下，手以腕部为轴向下摆动，如图所示。当要求双机以不同的速度降落时，指挥降落速度快的一方，手要低于另一只手	
5. 慢速落钩	两小臂水平伸向侧前方，五指伸开，手心朝下，小臂以肘部为轴向下摆动，当要求双机以不同的速度降落时，指挥降落速度快的一方，手要低于另一只手	
6. 全速落钩	两臂伸向侧上方，五指伸出，手心朝下，全臂向下挥动	
7. 一方停止，一方起钩	指挥停止的手臂作"停止"手势，指挥起钩的手臂则做相应速度的起钩手势	

手势信号名称	动作要点	图　示
8. 一方停止,一方落钩	指挥停止的手臂作"停止"手势,指挥落钩的手臂则做相应速度的落钩手势	

2.3.4　旗语信号(表 2-7)

表 2-7　旗语信号

旗语信号名称	动作要点	图　示
1. 预备	单手持红绿旗上举	
2. 要主钩	单手持红绿旗,旗头轻触头顶	

旗语信号名称	动作要点	图 示
3. 要副钩	一只手握拳,小臂向上不动,另一只手拢红绿旗,旗头轻触前只手的肘关节	
4. 吊钩上升	绿旗上举,红旗自然放下	
5. 吊钩下降	绿旗拢起下指,红旗自然放下	
6. 吊钩微微上升	绿旗上举,红旗拢起横在绿旗上,互相垂直	

旗语信号名称	动作要点	图　示
7. 吊钩微微下降	绿旗拢起下指,红旗横在绿旗下,互相垂直	
8. 升臂	红旗上举,绿旗自然放下	
9. 降臂	红旗拢起下指,绿旗自然放下	
10. 转臂	红旗拢起,水平指向应转臂的方向	

旗语信号名称	动作要点	图 示
11. 微微升臂	红旗上举,绿旗拢起横在红旗上,互相垂直	
12. 微微降臂	红旗拢起下指,绿旗横在红旗下,互相垂直	
13. 微微转臂	红旗拢起,横在腹前,指向应转臂的方向;绿旗拢起,横在红旗前,互相垂直	
14. 伸臂	两旗分别拢起,横在两侧,旗头外指	

旗语信号名称	动作要点	图　示
15. 缩臂	两旗分别拢起,横在胸前,旗头对指	
16. 微动范围	两手分别拢旗,伸向一侧,其间距与负载所要移动的距离接近	
17. 指示降落方位	单手拢绿旗,指向负载应降落的位置,旗头进行转动	
18. 履带起重机回转	一只手拢旗,水平指向侧前方,另只手持旗,水平重复挥动	

続表

旗语信号名称	动作要点	图　示
19. 起重机前进	两旗分别拢起,向前上方伸出,旗头由前上方向后摆动	
20. 起重机后退	两旗分别拢起,向前伸出,旗头由前方向下摆动	
21. 停止	单旗左右摆动,另外一面旗自然放下	
22. 紧急停止	双手分别持旗,同时左右摆动	

旗语信号名称	动作要点	图　示
23. 工作结束	两旗举起,在额前交叉	

2.3.5　音响信号

(1)音响符号

① "——"表示大于1s的长声符号。

② "●"表示小于1s的短声符号。

③ "○"表示停顿的符号。

(2)音响信号

① "预备"、"停止":一长声——

② "上升":二短声●●

③ "下降":三短声●●●

④ "微动":断续短声●○○○●

⑤ "紧急停止":急促的长声——

(3)塔式起重机驾驶员使用的音响信号

① "明白"——服从指挥:一短声●

② "重复"——请求重新发出信号:二短声●●

③ "注意":长声——

2.3.6　起重吊运指挥语言

(1)开始、停止工作的语言(表2-8)

表2-8　开始、停止工作的语言

起重的状态	指挥语言	起重的状态	指挥语言
开始工作	开　始	工作结束	结　束

起重的状态	指挥语言	起重的状态	指挥语言
停止和紧急停止	停 止		

(2)吊钩移动语言(表2-9)

表2-9　吊钩移动语言

吊钩的移动	指挥语言	吊钩的移动	指挥语言
正常上升	上 升	微微上升	上升一点
正常下降	下 降	微微向后	向后一点
微微下降	下降一点	正常向右	向 右
正常向前	向 前	微微向右	向右一点
微微向前	向前一点	正常向左	向 左
正常向后	向 后	微微向左	向左一点

(3)转台回转语言(表2-10)

表2-10　转台回转语言

转台的回转	指挥语言	转台的回转	指挥语言
正常右转	右 转	正常左转	左 转
微微右转	右转一点	微微左转	左转一点

(4)臂架移动语言(表2-11)

表2-11　臂架移动语言

臂架的移动	指挥语言	臂架的移动	指挥语言
正常伸长	伸 长	正常升臂	升 臂
微微伸长	伸长一点	微微升臂	升臂一点
正常缩回	缩 短	正常降臂	降 臂
微微缩回	缩短一点	微微降臂	降臂一点

2.3.7　信号的配合应用

(1)指挥人员使用音响信号与手势或旗语信号的配合

① 在发出二短声 ●●"上升"音响时,可分别与"吊钩上升""升臂""伸臂""抓取"手势或旗语相配合。

② 在发出三短声 ●●●"下降"音响时,可分别与"吊钩下降""降臂""缩臂""释放"手势或旗语相配合。

③ 在发出断续短声 ●○○○● "微动"音响时,可分别与"吊钩微微上升""吊钩微微下降""吊钩水平微微移动""微微升臂""微微降臂"手势旗语相配合。

④ 在发出急促的长声——"紧急停止"音响时,可与"紧急停止"手势或旗语相配合。

⑤ 在发出一长声——"预备""停止"音响信号时,均可与上述未规定的手势或旗语相配合。

(2)指挥人员与驾驶员之间的配合

① 指挥人员发出"预备"信号时,要目视驾驶员,驾驶员接到信号在开始工作前,应回答"明白"信号。当指挥人员听到回答信号后,方可进行指挥。

② 指挥人员在发出"要主钩""要副钩""微动范围"手势或旗语时,要目视驾驶员,同时可发出"预备"音响信号,驾驶员接到信号后,要准确操作。

③ 指挥人员在发出"工作结束"的手势或旗语时,要目视驾驶员,同时可发出"停止"音响信号,驾驶员接到信号后,应回答"明白"信号方可离开岗位。

④ 指挥人员对起重机械要求微微移动时,可根据需要,重复给出信号。驾驶员应按信号要求缓慢平稳操控设备。除此以外,如无特殊要求(如船用起重机专用手势信号),其他指挥信号,指挥人员都应一次性给出。驾驶员在接到下一个信号前,必须按原指挥信号要求操控设备。

(3)对指挥人员和塔式起重机驾驶员的要求

① 对指挥人员的要求

a. 指挥人员应根据 GB 5082—85《起重吊运指挥信号》规定的信号要求与起重机驾驶员进行联系。

b. 指挥人员发出的指挥信号必须清晰、准确。

c. 指挥人员应站在使驾驶员能看清指挥信号的安全位置上,当跟随荷载运行指挥时,应随时指挥荷载避开人员和障碍物。

d. 指挥人员不能同时看清驾驶员和荷载时,必须增设中间指挥人员以便逐级传递信号,当发现信号传递错误时,应立即发出停止信号。

e. 荷载降落前,指挥人员必须确认降落区域安全后,方可发出降落信号。

f. 当多人绑挂同一荷载时,起吊前,应先做好呼唤应答,确认绑挂无误后,方可由一人负责指挥。

g. 同时用两台起重机吊运同一荷载时,指挥人员应双手分别指挥各台起重机,以确保同步吊运。

h. 在开始起吊荷载时,应先用"微动"信号指挥,待荷载离开地面 100～200mm 并稳妥后,再用正常速度指挥;必要时,在荷载降落前,也应使用"微动"信号指挥。

i. 指挥人员应佩戴鲜明的标志,如标有"指挥"字样的臂章、特殊颜色的安全帽、工作服等。

j. 指挥人员所戴手套的手心和手背要易于辨别。

② 对塔式起重机驾驶员的要求

a. 驾驶员必须听从指挥人员指挥,当指挥信号不明时,驾驶员应发出"重复"信号询问,明确指挥意图后,方可操作。

b. 驾驶员必须熟练掌握 GB 5082—1985《起重吊运指挥信号》规定的通用手势信号和有关的各种指挥信号,并与指挥人员密切配合。

c. 当指挥人员所发信号违反国家标准的规定时,驾驶员有权拒绝执行。

d. 驾驶员在开车前必须鸣铃示警,必要时,在吊运中也要鸣铃,通知受荷载威胁的地面人员撤离。

e. 在吊运过程中,驾驶员对任何人发出的"紧急停止"信号都应服从。

2.4 塔式起重机的安全操作规程

① 起重机必须安装运行、变幅、吊钩高度等限位器和力矩限制器等安全装置,并保证灵敏可靠。对有升降式驾驶员室的起重机,断绳保护装置必须可靠。

② 起重机专用的临时配电箱,宜设置在轨道中部附近,电源开关应合乎规定要求。电缆卷筒应运转灵活,安全可靠,不得拖缆。

③ 检查轨道平直、无沉陷、轨道螺栓无松动,排除轨道上的障碍物,松开夹轨器并向上固定好。

④ 作业前重点检查

a. 机构结构的外观情况,各传动机构应正常。

b. 各齿轮箱、液压油箱的油位应符合标准。

c. 主要部位连接螺栓不得松动。

d. 钢绳磨损情况及缠绕滑轮应符合规定。

e. 供电电缆应无破损。

f. 查看前一班作业的各种记录(如履历书、登记表、安全记录等),发现问题及时做出处理。

g. 与指挥人员约定好指挥信号的种类及相关事宜。

h. 开始操作时,先鸣号发出警示,提醒注意。

⑤ 吊钩提升接近臂杆顶部,小车行至端点或起重机行车接近轨道端部时,应减速缓行至停止位置。吊钩距臂杆顶部不得小于 1m,起重机距轨道端部不得小于 2m。

⑥ 动臂式起重机的起重、回转、运行三种动作可以同时进行,但变幅只能单独进行。每次变幅后应对变幅部位进行检查。允许带载的变幅在满载荷或接近满载时,不得变幅。

⑦ 提升重物后,严禁自由下降。重物就位时,可用微动机构或使用制动器使之缓慢下降。

⑧ 提升的重物平稳后,在跨越障碍物时,重物底部应高出其跨越障碍物 0.5m 以上。

⑨ 两台起重机同在一条轨道上或相近轨道上进行作业时,应保持两机之间任何接近部位(包括吊起的重物)距离不得小于 5m。

⑩ 严禁在弯道上进行吊装作业或吊重物转弯。

⑪ 起吊时不准用吊钩直接吊绕重物,必须用索具或专用器具。

⑫ 细长易燃的物品,要捆扎 2 道以上,并且要有 2 个吊点。在吊运过程中,吊运的物品应保持水平,不准偏斜,更不能使长度方向朝下,以免在吊运过程中,重物由于自重或振动等原因从捆绑中滑落,发生事故。

⑬ 不得在起吊的重物上再连挂其他重物,以免吊索具超载,破坏原来的捆扎方式,或发生扯、刮、连、带现象。

⑭ 吊运零散物品,要用网、篮或其他容器盛装,不可用绳索捆扎。

⑮ 外形大或长的物体要有拽绳,以防止摆动,拽绳应在被吊物体的两端各设一根。

⑯ 严禁将不同种类或不同规格型号的索具混在一起使用。

⑰ 严禁超载起吊。不能起吊与其他重物相连、埋在地下或与地面和其他物体冻结在一起的以及各种不明重量的重物。

⑱ 各种塔式起重机,禁止在非工作风力下作业。一般的塔式起重机规定六级以上,风速为 $11\sim13\mathrm{m/s}$,风压约 $10^5\,\mathrm{N/m^2}$ 的情况为非工作风力。

⑲ 禁止无操作合格证人员操作。

⑳ 作业后,起重机应停放在轨道中间位置,臂杆应转到顺风方向,并放松回转控制器。小车及平衡重应移到非工作状态位置。吊钩提升到离臂杆顶端 $2\sim3\mathrm{m}$ 处。

㉑ 锁紧夹轨器,使起重机与轨道固定,如遇八级大风时,应另拉缆绳与地锚或建筑物固定。

㉒ 有电梯装置的塔式起重机,应将电梯升到 10m 左右,防止外人进出。

㉓ 任何人上塔帽、吊臂、平衡臂的高空部位检查或修理时,必须佩戴安全带。

2.5 塔式起重机驾驶员的素质和职责

随着经济的快速发展,塔式起重机数量越来越多,塔式起重机驾驶员队伍迅速扩大,努力提高驾驶员的素质是保证人身、车辆和货物安全的关键。塔式起重机驾驶员必须是年满 18 周岁、身高 155cm以上,初中以上文化程度,经过专业培训,并考核合格,取得《特种设备作业人员证》后,方可单独驾驶操作。

2.5.1 塔式起重机驾驶员的基本素质

(1)思想素质过硬

① 责任意识较强 塔式起重机驾驶员必须热爱本职工作、忠于职守、勤奋好学,对工作精益求精,对国家、单位财产以及人民生命安全高度负责,安全、及时、圆满地完成各项任务。

② 驾驶作风严谨 塔式起重机驾驶员应文明装卸、安全作业,认真自觉地遵守各项操作规程。"道路好不呈强,技术精不麻痹,视线差不冒险,有故障不凑合,任务重不急躁。"

③ 职业道德良好 塔式起重机驾驶员工作时,应安全礼让,热忱服务,方便他人。作业中能自觉搞好协同,对不同货物能采取不同的装卸方式,不乱扔乱摔货物。

④ 奉献精神突显 塔式起重机驾驶员职业是一个艰苦的体力劳动与较复杂的脑力劳动相结合的职业,要求驾驶员在工作环境恶劣、条件艰苦的场合和危急时刻,要有不怕苦、不怕脏、不怕累的奉献精神,还要有大局意识、整体观念和舍小顾大的思想品质。

(2)心理素质优良

① 情绪稳定 当驾驶员产生喜悦、满意、舒畅等情绪时,他的反应速度较快,思维敏捷,注意力集中,判断准确,操作失误少。反之,当他产生烦恼、郁闷、厌恶等情绪时,便会无精打采,反应迟缓,注意力不集中,操作失误多。因此,要求驾驶员要及时调控好情绪,保持良好的心境。

② 意志坚强 意志体现在自觉性、果断性、自制性和坚持性上。坚强的意志可以确保驾驶员遇到紧急情况,能当机立断进行处理,保证行驶和作业安全;遇到困难能沉着冷静,不屈不挠,持之以恒。

③ 性格开朗 性格是人的态度和行为方面比较稳定的心理特征,不同性格的人处理问题的方式和效果不一样。从事塔式起重机驾驶工作,必须热爱生活,对他人热情、关心体贴;对工作认真负责,富有创造精神;保持乐观自信,能正确认识自己的长处和弱点,以利

于安全行驶和作业。

(3)驾驶技术熟练

① 基础扎实　驾驶员具有扎实的基本功,能熟练、准确地完成检查、启动、制动、换挡、转向、挖掘、行走、停车等操作,基本功越扎实,对安全行驶和作业越有利,才能做到眼到手到,遇险不惊、遇急不乱。

② 判断准确　驾驶员能根据行人的体貌特征、神态举止、衣着打扮等来判断行人的年龄、性别和动向,能判断相遇车型的技术性能和行驶速度,能根据路基质量、道路宽度来控制车速,能根据货物的包装和体积判断货物的重量与重心等,以此判断塔式起重机和货物所占空间,前方通道是否能安全通过,对会车和超车有无影响等。

③ 应变果敢　塔式起重机在行驶和作业过程中,情况随时都在变化,这就要求驾驶员必须具备很强的应变能力,能适应行驶和作业的环境,迅速展开工作,完成作业任务,保证人、车和货物的安全。

(4)身体健康

塔式起重机驾驶员应每年进行一次体检,有下列情况之一者,不得从事此项工作。

① 双眼矫正视力均在0.7以下,色盲。

② 听力在20dB以下。

③ 中枢神经系统器质性疾病(包括癫痫)。

④ 明显的神经官能症或植物神经功能紊乱。

⑤ 低血压、高血压(低压高于90mmHg、高压高于130mmHg)、贫血(血色素低于8g)。

⑥ 器质性心脏病。

2.5.2　塔式起重机驾驶员的职责

① 认真钻研业务,熟悉塔式起重机技术性能、结构和工作原理,提高技术水平,做到"四会",即会使用、会养修、会检查、会排除故障。

② 严格遵守各项规章制度和塔式起重机安全操作规程、技术安全规则,加强驾驶作业中的自我保护,不擅离职守,严禁非驾驶员操作,防止意外事故发生,圆满完成工作任务。

③ 爱护塔式起重机,积极做好塔式起重机的检查、保养、修理工作,保证塔式起重机及机具、属具清洁完好,保证塔式起重机始终处

于完好技术状态。

④ 熟悉塔式起重机装卸作业的基本常识,正确运用操作方法,保证作业质量,爱护装卸物资,节约用油,发挥塔式起重机应有的效能。

⑤ 养成良好的驾驶作风,不用塔式起重机开玩笑,不在驾驶作业时饮食、闲谈。

⑥ 严格遵守塔式起重机的使用制度,不超载,不超速行驶,不酒后开车,不带故障作业,发生故障及时排除。

⑦ 多班轮换作业时,坚持交接班制度,严格交接手续,做到四交:交技术状况和保养情况;交塔式起重机作业任务;交清工具、属具等器材;交注意事项。

⑧ 及时准确地填写《塔式起重机作业登记表》《塔式起重机保养(维修)登记表》等原始记录,定期向领导汇报塔式起重机的技术状况。

⑨ 塔式起重机上路行驶时,应严格遵守交通规则,服从交通警察和公路管理人员的指挥和检查,确保行驶安全。

⑩ 驾驶员在驾驶作业中,要持《塔式起重机操作驾驶证》,不准操作与驾驶证件规定不相符的塔式起重机。

第 2 篇
塔式起重机结构与原理

第**3**章 塔式起重机钢结构和工作机构

塔式起重机的组成见表 3-1。图 3-1 所示为外部附着式塔式起重机的构造。

表 3-1　塔式起重机的组成

结构	机构	电气	安全装置	附属装置
底架	起升机构	电源	起重量限制器	配重和压重
塔身	回转机构	电线和电缆	力矩限制器	基础与轨道
回转支座	变幅机构	控制和保护	行程限制器	拖运装置
平衡臂	运行机构	电动机等	安全止挡	附着框和拉杆
起重臂	架设机构		缓冲器	内爬框架
驾驶室	油液系统等		非工安全装置	电缆卷筒
梯子和平台			环境危害预防装置等	检修装置等
顶升套架				
拉杆等				

3.1　塔式起重机的钢结构

在建筑施工过程中,塔式起重机主要担负着建筑材料的垂直与水平运输,钢结构是塔式起重机的重要组成部分,占整机自重 80% 以上。由于工作繁忙,并受到荷载的变化作用,所以,必须保证钢结构在强度、刚度、稳定性等方面的性能要求,塔式起重机才能够正常、安全、可靠地工作。塔式起重机金属结构由塔身、起重臂、平衡臂、塔

图 3-1　外部附着式塔式起重机的构造

1—平衡重;2—起升机构;3—平衡重移动机构;4—平衡臂;5—电气室;
6—塔顶;7—小车牵引机构;8—水平吊臂;9—起重小车;10—吊钩;11—回转机构;
12—回转支承;13—顶升机构;14—驾驶室;15—顶升套架;16—附着装置;17—塔身;
18—底架;19—活络支腿;20—基础;21—电梯;22—电梯卷扬机;23—压铁;
24—电缆卷筒;25—电梯节;26—斜撑;27—行走台车;28—钢轨

帽和驾驶室、回转总成、顶升套架、底架、附着装置等组成。

3.1.1　塔身

　　塔身是塔式起重机结构的主体,支撑着塔式起重机上部分的重量和荷载的重量。通过底架或行走台车将塔吊的重量和荷载的重量直接传到塔式起重机基础上,其本身还要承受弯矩和垂直压力。

塔身结构大多用角钢焊成,也有采用圆形、矩形钢管焊成。目前塔身均采用方形断面,其腹杆形式有 K 字形、三角形、交叉腹杆等,如图 3-2 所示。

(a)K字形　　　　(b)三角形　　　　(c)交叉腹杆

图 3-2　塔身的腹杆形式

塔身节的构造形式分为全焊接整体结构(标准节)和拼装式结构(由单片桁架或 L 形桁架拼装而成)。整体结构的优点是安装方便,节时省工,缺点是运输或堆存时占用空间大,费用高。拼装式结构加工精度高,制作难度大,但堆放占地小,运费低,如图 3-3 所示。

塔身标准节采用的连接方式有:盖板螺栓连接、套柱螺栓连接、承插销轴连接、插板销轴连接和瓦套法兰盘连接。其中,应用最广的是盖板螺栓连接和套柱螺栓连接,其次是承插销轴连接和插板销轴

(a) 主弦杆及腹杆均采用角钢,节与节之间采用承插板销轴连接的片式拼装塔身节

(b) 主弦杆及腹杆均采用角钢,节与节之间采用法兰盘螺栓连接的片式拼装塔身标准节

图 3-3

(c) 采用盖板螺栓连接，主弦杆及
腹杆均用角钢的片式拼装塔身标
准节

(d) 主弦杆及腹杆采用钢管，节与
节之间采用套柱螺栓连接的片式
拼装塔身标准节

图 3-3　4 榀片式桁架拼装塔身标准节构造示意图

连接。表 3-2 为几种连接方式的对比。

表 3-2　塔身标准节不同连接方式特点及应用范围

类　型	构造简图	特点及应用范围
盖板螺栓连接		螺栓受剪，采用普通碳素结构钢制作。适用于角钢主弦杆塔身标准节的连接，工艺简单、加工容易、安装方便、应用最广
套柱螺栓连接		套柱采用企口定位，螺栓受拉，用低合金结构钢制作。适用于方钢管或角钢主弦杆塔身标准节的连接。加工工艺要求较复杂，安装速度较快

类　型	构造简图	特点及应用范围
承插销轴连接		销轴受剪,采用低合金结构钢制作。适用于钢管主弦杆塔身标准节的连接。工艺要求高,加工难度大,安装速度快
插板销轴连接		销轴受剪,采用低合金结构钢制作。适用于重型或超重型塔式起重机的以实心圆钢为主弦杆的塔身结构标准节的连接。加工难度较大,安装速度快
瓦套螺栓连接		连接螺栓采用普通连接螺栓,直径较小,适用于圆钢管主弦杆塔身标准节的连接。加工难度大,安装方便迅速

　　塔身节内必须设置爬梯,以便工作人员上下。爬梯宽度不宜小于500mm,梯级(踏步)间距应上下相等,并应不大于300mm。当爬梯高度大于5m时,应从高2m处开始装设直径为650～800mm的安全护圈,相邻两圈的间距为500mm,安全护圈之间用3根均布的竖向条系相连。安全护圈应能承受来自任何方向的10kN的冲击力而不折断。当爬梯高度超过10m时,梯子应分段转接,在转接处应加设一道休息平台。休息平台的开孔应有活动盖板,开孔尺寸宜为700mm×400mm,应与梯子相匹配。爬梯布置方式如图3-4所示。

3.1.2　起重臂

(1)起重臂的形式

　　起重臂简称吊臂,按构造形式可分为:小车变幅水平起重臂、俯仰变幅起重臂(简称动臂)、伸缩式小车变幅起重臂、折曲式起重臂,如图 3-5 所示。本书主要介绍小车变幅水平起重臂。

图 3-4　塔身内部爬梯及布置方式

(a) 小车变幅水平起重臂　　　　　(b) 俯仰变幅起重臂

(c) 伸缩式小车变幅起重臂　　　　(d) 折曲式起重臂

图 3-5　塔式起重机起重臂的四种形式

(2)小车变幅水平起重臂

小车变幅水平起重臂是塔式起重机广泛采用的一种起重臂形式。其特点是吊重荷载通过变幅小车沿起重臂全长进行水平位移,并能平稳、准确地安装就位。

① 小车变幅水平起重臂的构造 小车变幅起重臂通常由若干个不同长度的起重臂标准节组成。常用的标准节长度有 6m、7m、8m、10m、12m 五种。为便于组合,除标准节如图 3-6 所示外,一般都配设 1~2 个 3~5m 长的连接节、1 个根部节、1 个首都节和 1 个端头节,如图 3-7 所示。端头节构造应当简单轻巧,配有小车止挡缓冲装置、小车牵引绳换向滑轮、起升绳端头固定装置。端头节长度不计入起重臂总长,但可与任一起重臂标准节配装,形成一个完整的起重臂。

图 3-6 小车变幅起重臂标准节示意图
1—长节; 2—短节

② 起重臂拉杆构造 俯仰变幅起重臂一般都采用柔性拉杆(或称钢丝绳拉索),而小车变幅起重臂既可采用柔性拉杆,也可采用刚性组合拉杆。目前,自升式塔式起重机小车变幅起重臂大多采用刚性组合拉杆。由于选用材料不同,刚性组合拉杆又可分为扁钢拉杆、实心圆钢拉杆、厚壁无缝钢管拉杆及角钢对焊方形断面空腹拉杆。扁钢拉杆可用 Q235 或 16Mn 制作,圆钢拉杆用 16Mn 制作,连接销轴材质为 40Cr 或 40CrMo,直径一般取为 50~75mm。图 3-8 所示为圆钢拉杆及连接板示意图。

根据起重臂截面构造及臂头起重量等条件,50m 双吊点小车变

图 3-7　小车变幅起重臂的根部节、首部节与端头节示意图

1—端头节；2,4—连接销轴；3—定位销；5—换向滑轮；6—挡圈；
7—滑轮轴；8—小车缓冲止挡装置；9—起重臂根部节；10—起重臂首部节

图 3-8　圆钢拉杆及连接板示意图

幅起重臂的拉杆长度，一般长拉杆长 36～38m，短拉杆长 13～15m；
60m 双吊点小车起重臂，一般长拉杆长 44～50m，短拉杆长 15～
20m。每根刚性组合拉杆由若干长度介于 6～9m（视构造需要而定）
的拉杆标准节和长度在 1～5m 范围内的拉杆非标准节，通过连接板
及销轴连接而成。图 3-9 为起重臂拉杆在小车变幅起重臂上弦吊点
的构造示意图。

(a) 用于圆钢上弦
拉杆的吊点结构

(b) 用于角钢对焊矩形截面
钢管上弦拉杆的吊点结构

图 3-9　两种常用拉杆吊点构造示意图

3.1.3　平衡臂

上回转塔式起重机均需配设平衡臂,其功能是平衡起重力矩。除平衡重外,还常在其尾部装设起升机构。起升机构之所以同平衡重一起安放在平衡臂尾端,一是可发挥部分配重作用;二是可以增大钢丝绳卷筒与塔帽导轮间的距离,有利钢丝绳的排绕,避免发生乱绳现象。

(1) 平衡臂形式

如图 3-10 所示,常用平衡臂有以下几种形式。

(a) 平面框架式平衡臂　　　(b) 倒三角形断面桁架式平衡臂

(c) 正三角形断面桁架式平衡臂　(d) 矩形断面桁架结构平衡臂

图 3-10　平衡臂形式

① 平面框架式平衡臂　由两根槽钢纵梁或槽钢焊成的箱形断面组合梁和杆系构成,在框架的上平面铺有走道板,道板两旁设有防护栏杆。这种臂架的特点是结构简单,易加工。

② 三角形断面桁架式平衡臂　分为正三角形和倒三角形两种形式。此类平衡臂的构造与平面框架式起重臂结构相似,但较为轻巧,适用于长度较大的平衡臂。

③ 矩形断面桁架式平衡臂　适用于小车变幅水平臂架较长的超重型塔式起重机。

(2)平衡重

平衡重属于平衡臂系统组成部分。平衡重用量很可观,轻型塔式起重机一般也至少要用 3～4t 平衡重,重型自升式塔式起重机要用近 30t 平衡重。而臂长 80m、最大起重力矩达 12000kN·m 的超重型自升式塔式起重机,平衡重则超过 60t。平衡重的用量与平衡臂的长度成反比,与起重臂的长度成正比。平衡重应与不同长度的起重臂匹配使用,具体操作应按照产品说明书的要求。

平衡重一般可区分为固定式和活动式两种。活动平衡重主要用于自升式塔式起重机,其特点是可以移动,易于使塔身上部作用力矩处于平衡状态,便于进行顶升接高作业,但其构造复杂,机加工量大,造价较高。如图 3-11 所示分别为 QTZ200 型塔式起重机和 QT120 型塔式起重机用的活动平衡重简图。

平衡重可用铸铁或钢筋混凝土制成。钢筋混凝土平衡重的主要缺点是,体积大,迎风面积大,对塔身结构及整机稳定性均有不利影响。但是,其构造简单,预制生产容易,可就地浇制,并且不怕风吹雨淋,便于推广。钢筋混凝土平衡重预制时,必须在混凝土体内设预埋

(a) QTZ200型塔式起重机用的活动平衡重示意图

行走轮

平衡
重箱

2400

2020

1170

(b) QT120型塔式起重机活动平衡重箱示意图

图 3-11　平衡重结构示意图

吊环、定位耳板及固定用穿心钢管,并要保证埋设位置准确。待混凝土达到设计强度时,才允许进行吊装就位。

3.1.4　塔帽和驾驶室

(1)塔帽

塔帽功能是承受起重臂与平衡臂拉杆传来的荷载,并通过回转塔架、转台、承座等结构部件将荷载传递给塔身,也有些塔式起重机塔帽上设置主卷扬钢丝绳固定滑轮、风速仪及障碍指示灯。塔式起重机的塔帽结构形式有多种,较常用的有截锥柱式、人字架式及斜撑架式等。图 3-12 中所示为截锥柱式塔帽。

(2)驾驶室

目前普遍采用的塔式起重机驾驶室大多是悬挂式驾驶室,而且多设于转台以上臂根之一侧。其主要特点是悬挂于高处,居高临下能俯瞰全局,如图 3-13 所示。为使塔式起重机的驾驶员掌握建筑吊装施工现场的情况,特别是观察吊装各个操作环

图 3-12　截锥柱式塔顶结构示意图

1—塔身;2—塔帽;3—检修平台;

节(挂钩、起升、下降、安装就位、脱钩)的全貌,驾驶室的前脸及两侧前方应镶配大面积钢化玻璃,前脸玻璃面积不小于前脸面积的80％,上部玻璃窗应可开启,便于清洗。

图 3-13 驾驶室构造示意图

1—衣帽钩;2—顶灯;3—刮水器;4—操纵台组件;5—取暖、风扇设备;6—文件盒

悬挂式驾驶室采用轻量型钢焊接骨架,外包薄覆板,内贴厚50mm 保温板。驾驶室的门窗要注意做好密封,窗扇向外开启;在严寒地区施工的塔式起重机应装设双层玻璃窗,内、外层玻璃之间设有6mm 真空层;对于顶部和前下方底部玻璃,均应加设防护栅栏;前脸玻璃窗上、下均应设置雨刷(刮水器),两侧玻璃窗也宜设置雨刷;驾驶座椅正前方上侧的遮阳板应是可调卷帘式。

悬挂式驾驶室与钢结构支座接触处应加设橡胶垫块。

塔式起重机驾驶室内应具有的设备包括:驾驶座椅、联动控制台(包括启动钥匙、启动开关、联动控制手柄、各操作按钮、紧急断电开关)、各指示仪表、音响信号(电铃、电喇叭、扬声器、蜂鸣器、警铃)、步话机、玻璃窗雨刷、除霜器、遮阳板及泡沫灭火器等。总之,驾驶室内必须装设为保证驾驶员安全、舒适、高效工作,并充分发挥塔式起重机各项性能所需的设备。驾驶室内各开关、按钮均应有防水、防尘彩色套帽,以防受潮,影响运作和产生意外事故。

3.1.5 回转总成

回转总成由转台、回转支承、支座等组成,回转支承介于转台与支座之间,转台与塔帽连接,支座与塔身连接。

上回转自升式塔式起重机的回转总成位于塔身顶部。如图3-14所示,上回转自升式塔式起重机的转台多采用型钢和钢板组焊成的工字形断面环梁结构,用以承受转台以上全部结构的自重和工作荷载,并将上部荷载下传给塔身结构。转台装有一套或多套回转机构。

对于不设回转塔架(塔帽)的自升式塔式起重机,在转台的前后侧则分别设有供安装起重臂和平衡臂用的牛腿挑梁或耳板。

下回转塔式起重机的回转装置位于塔式起重机底部。

3.1.6 顶升套架

顶升套架根据构造特点可分为整体式和拼装式;根据套架的安装位置,可分为外套架和内套架。一般整体标准节塔身都用外套架,拼装式塔身顶升用内套架。但有的拼装式塔身到工地后,先装成整体标准节后,再顶升加节,也用外套架。

图 3-14　上回转自升式塔式起重机转台结构示意图

如图 3-15 所示,外套架式顶升系统主要由顶升套架、顶升作业平台和液压顶升装置组成,用来完成加高的顶升加节工作。外套架主要由钢管、槽钢、钢板等组焊成框架结构,其内侧布置有 16 个滚轮或滑板,顶升时滚轮或滑板沿塔身的主弦杆外侧移动,起导向支承作用。

套架的前侧引入标准节部位为开口结构,套架后侧或中间装有顶升液压缸和顶升横梁(扁担梁)。根据标准节引入方式不同,采用下引进方式的,引进平台安装在爬升套架上;采用上引进方式的,引进平台安装在塔式起重机的回转下支座上。

图 3-15　外套架式顶升系统
1—液压缸托架;2—顶升液压缸;3—顶升横梁;4—液压泵;
5—顶升工作平台;6—套架主弦杆

套架的上端用螺栓与回转下支座的外伸腿相连接。其前方的上半部没有焊腹杆,而是引入门框,因此其主弦杆必须作特殊的加强,以防止侧向局部失稳。门框内装有两根引入导轨,以便于塔身标准节的引入。顶升液压缸吊装于套架后方的横梁上,下端活塞杆端有顶升横梁,通过顶升横梁把压力传到塔身的主弦杆爬爪(也叫踏步)

上,实现顶升作业。液压泵站固定在套架的工作平台上,操作人员在平台上操作顶升液压系统,进行作业,引入标准节和紧固塔身的连接螺栓。

顶升作业时,通过调整小车位置或吊起一个塔身标准节作为配重的方法,尽量做到上部顶升部分的重心落在靠近液压缸中心线位置,这样,上面的附加力矩小,作业最安全。起重臂一定要有回转制动,不允许风力使其回转。最忌讳套架前主弦杆压力过大,产生侧向局部失稳,引发倒塔事故。顶升系统液压缸活塞杆端用球形铰链,一定要设置防止顶升横梁外翻的装置。因为外翻可使顶升横梁受到很大的侧向弯矩,顶升横梁因变形过大而脱出爬爪槽,同样会引发倒塔事故。

3.1.7 底架

塔式起重机的底架是塔身的支座。塔式起重机的全部自重和荷载都要通过它传递到底架下的混凝土基础或行走台车上。

如图 3-16(a)~(c)所示,固定式塔式起重机一般采用底架十字梁式(预埋地脚螺栓)、预埋脚柱(支腿)或预埋节式。

图 3-16(d)所示为轨道式塔式起重机的行走台车架,由架体、动力装置(主动)和无动力装置(从动)组成,它把起重机的自重和荷载力矩通过行走轮传递给轨道。行走台车架端部装有夹轨器,其作用是在非工作状况或安装阶段钳住轨道,以保证塔式起重机的自身稳定。

(a) 十字梁式　　(b) 预埋脚柱式　　(c) 预埋脚柱式　　(d) 行走底架式

图 3-16　底架

3.1.8　附着装置

如图 3-17 所示,通常是随着建筑物的不断升高,通过附着装置将塔身锚固在建筑物上,锚固的间隔距离根据不同塔式起重机的设计要求而确定。

1—顶升套架;2—标准节;3—附着装置;　1—框架;2—撑杆;3—撑杆支座

图 3-17　附着式塔式起重机及附着装置

如图 3-17(b)所示,附着装置由撑杆 2、框架 1 和撑杆支座 3 等组成,使塔身和建筑物连成一体,减少了塔身在竖直方向的自由长度,提高了塔身的刚度和塔式起重机的整体稳定性。

3.2　塔式起重机的工作机构

塔式起重机工作机构包括起升机构、变幅机构、回转机构和大车行走机构。俯仰变幅重臂式塔式起重机设臂架变幅机构;小车变幅水平起重臂式塔式起重机设小车牵引机构,或称小车变幅机构;固定式塔式起重机不设大车行走机构。

起升机构、变幅机构、回转机构和大车行走机构均应具备较高的工作速度,并要求启动和制动过程能平缓进行,避免急剧运动对金属结构产生破坏性影响。对于高层建筑施工用的自升式塔式起重机来说,由于起升高度大,起重臂长,起重量大,因此对工作机构调速系统有更高的要求。

3.2.1 起升机构

(1)起升机构组成

起升机构通常由起升卷扬机、钢丝绳、滑轮组及吊钩等组成。起升卷扬机由电动机、制动器、变速箱、联轴器、卷筒等组成。起升机构采用的变速箱通常有圆柱齿轮变速箱、蜗杆变速箱、行星齿轮变速箱等。

图3-18 起升卷扬机示意图

1—限位器;2—卷筒;3—变速箱;4—绕线转子异步电动机;5—制动器

如图3-18所示,起升卷扬机的电动机通电后通过联轴器带动变速箱进而带动卷筒转动。电动机正转时,卷筒放出钢丝绳;电动机反转时,卷筒收回钢丝绳。起升机构通过滑轮组及吊钩把重物提升或下降,如图3-19所示。

图3-19 起升机构钢丝绳穿绕示意图

1—起升卷扬机;2—排绳滑轮;3—塔帽导向轮;4—起重臂根部导向滑轮;

5—变幅小车滑轮组;6—吊钩滑轮组

通过滑轮组倍率的转换来改变起升速度和起重量。塔式起重机滑轮组倍率大多采用2、4或6。当使用大倍率时,可获得较大的起重量,但降低了起升速度;当使用小倍率时,可获得较快的起升速度,但降低了起重量。

如图3-19所示,为了起重机在变幅时能保证重物做水平移动,起升绳的终端不能固定在变幅小车上,而必须固定在起重臂架的端部或固定在起重臂根部。

(2)起升机构的调速

在轻载、空载以及起升高度较大时,均要求起升机构有较高的工作速度,以提高工作效率;在重载、运送大件物品以及被吊重物就位时,为了安全可靠和准确就位,要求起升机构有较低的工作速度。起升机构的调速分有级调速和无级调速两类。

① 有级调速

a. 绕线转子电动机转子串电阻调速。绕线转子电动机转子串电阻调速的起升机构主要用于轻型快装塔式起重机。由于绕线转子电动机具有较好的启动特性,通过在转子绕组中串接可变电阻,用操作手柄发出主令信号控制接触器,来切换电阻改变电动机的转速,从而实现平稳启动和均匀调速的要求。有些绕线转子电动机转子串接电阻调速,还可增加电磁换挡减速器,这种方式可使调速挡数增加1倍。

b. 变极调速。笼型电动机通过改变极数的方法可以获得高低两挡工作;基度和1挡慢就位速度,基本上可满足塔式起重机的调速要求,但换挡时冲击较大。变极调速的调速范围为1:8左右,变极调速不能较长时间低速运行。主要用于400kN·m以下的轻小型塔式起重机。变极调速还可增加电磁换挡减速器,使调速挡数增加1倍,这种调速主要用在起重能力为450～900kN·m的塔式起重机上。

c. 双速绕线转子电动机转子串电阻调速。该电动机有两种磁极对数,通过串电阻和变极两种方式进行调速。

d. 双电动机驱动调速。这种调速应用极广的是采用两台绕线转子电动机驱动,F0/23B等塔式起重机均采用这种名为RCS的系统。两台绕线转子电动机完全相同,通过转速比为1:2的齿轮相连,一台作为驱动电动机,另一台则用作制动电动机。

双电动机调速也可采用一台绕线转子电动机加一台笼型电动机或两台多速笼型电动机驱动,可得到不同的调速特性。这种起升机构可在负载运动中调速,不论起升速度如何,均能以最大速度实现空钩下降,从而提高生产效率;吊载能精确就位,工作平稳,调速范围大,可达1:40。但该机构相对复杂,其传动部件需专门设计制造,主要应用于大中型塔式起重机。

各种不同的速度挡位对应于不同的起重量,以符合重载低速、轻载高速的要求。为了防止起升机构发生超载事故,有级变速的起升机构对荷载升降过程中的换挡应有明确的规定,并应设有相应的荷载限制安全装置,如起重量限制器上应按照不同挡位的起重量分别设置行程开关。

② 无级调速 目前塔式起重机主卷扬机调速主要是通过变频器对供电电源的电压和频率进行调节,使电动机在变换的频率和电压条件下以所需要的转速运转,可使电动机功率得到较好的发挥,达到无级调速的效果。

3.2.2 变幅机构

塔式起重机的变幅机构是实现改变幅度的工作机构,并用来扩大塔式起重机的工作范围,提高生产率。

(1)变幅机构的类型

① 按工作性质分 塔式起重机的变幅机构按工作性质分为非工作性变幅机构和工作性变幅机构。

a. 非工作性变幅机构是指只在空载时改变幅度,调整取物装置的作业位置,而在重物装、卸移动过程中幅度不再改变的机构。这种变幅机构变幅次数少,变幅时间对起重机的生产率影响小,一般采用较低的变幅速度。其优点是构造简单、自重轻。

b. 工作性变幅机构是指能在带载条件下变幅的机构。变幅过程是起重机工作循环的主要环节,变幅时间对起重机的生产率有直接影响,一般采用较高的变幅速度(吊具平均水平位移速度为0.33~0.66m/s)。其优点是生产率高,能更好地满足装卸工作的需要。工作性变幅机构的驱动功率较大,而且要求安装限速和防止超载的安全装置,与非工作性变幅机构相比,构造复杂,自重也较大。

② 按机构运动形式分　塔式起重机的变幅机构按运动形式分为动臂式变幅机构和小车变幅机构。

a. 动臂式变幅机构是通过起重臂俯仰摆动实现变幅的机构。可用钢丝绳滑轮组使起重臂做俯仰运动。动臂式变幅机构在变幅时,吊物和臂架的重心会随幅度的改变而发生不必要的升降,耗费额外的驱动功率,并且在增大幅度时,由于重心下降,容易引起较大的惯性荷载。所以,一般多用于非工作性变幅。动臂式变幅的幅度有效利用率低,变幅速度不均匀,没有装设补偿装置时,吊物不能做到水平移动,安装就位不便。

b. 小车变幅机构是通过移动牵引起重小车(变幅小车)实现变幅的机构。工作时起重臂安装在水平位置,小车由变幅牵引机构驱动,沿着起重臂的轨道(弦杆)移动。其优点是:变幅时吊物做水平移动,安装就位方便、速度快、功率省、幅度有效利用率大。其缺点是:起重臂承受较大的弯矩、结构笨重、钢用量大。

(2)小车变幅机构

在塔式起重机中大多采用小车变幅机构,这样既可减轻起重臂荷载,又可以使工作性能可靠,且其驱动装置放在起重臂根部,平衡重也可略为减少。

小车变幅机构钢丝绳穿绕方式如图3-20所示,小车依靠变幅钢丝绳牵引沿起重臂轨道行走,变幅驱动装置安装在小车外部,从而使小车自重大为减少,所以适用于大幅度、起重量较大的塔式起重机。

图3-20　小车变幅机构钢丝绳穿绕方式

小车变幅机构的传动机构可采用普通标准卷扬机。为了使尺寸更紧凑,目前已广泛采用行星摆线针轮和渐开线齿轮的少齿差减速器传动,而且在卷筒轴端部装有用蜗杆或链轮带动的幅度指示器及限位器,以确保工作安全。

图 3-21 所示为采用行星摆线针轮减速器的小车变幅机构,其主要由制动器、电动机、缓冲器、行星摆线针轮减速器、限位器、卷筒、支架等组成,行星摆线针轮减速器装于卷筒内部,有利于减少变幅驱动机构的宽度,便于布置。

图 3-21　采用行星摆线针轮减速器的小车变幅机构

1—行星摆线针轮减速器;2—卷筒;3—卷扬机轴;4—小车限位器;5—缓冲器;

6—电动机;7—辅助风机;8—电磁制动器;9—紧急停止控制箱

(3)变幅小车

变幅小车是水平起重臂塔式起重机的必备部件。整套变幅小车由车架结构、钢丝绳、滑轮、行轮、导向轮、钢丝绳承托轮、钢丝绳防脱辊、小车牵引绳张紧器及断绳保险器等组成。

① 变幅小车的分类　变幅小车车架结构采用箱形断面组焊杆件构成,根据杆件布置方式不同,变幅小车分为三角形框架式车架和矩形框架式车架两大类,如图 3-22 所示。

三角形框架式车架的变幅小车具有构造简单、自重较轻的特点,但结构加工要求较高。据相关资料记载,其载重量应用范围较广,小至 1.25t,大至 12.5t 都可采用这种小车结构。

矩形框架式车架变幅小车的特点是:杆件较多,构造较繁琐,但结构加工比较容易。中型和重型塔式起重机均可采用这种车架形式的变幅小车,其载重量适用范围为 4～12t。

(a) 采用三角形框架式车架的变幅小车

(b) 采用矩形框架式车架的变幅小车

图 3-22　变幅小车车架示意图

1—钢丝绳滑轮；2—行走轮

变幅小车也可根据需要与另一台变幅小车连挂在一起，以双小车方式进行动作。在需要吊运笨重物件超过单一小车的承载能力时，在臂架头部承担正常吊运作业的"正"小车或称"前"小车驶向臂根部，而与通常停置于臂架根部"后"小车或称"副"小车连挂在一起形成一个联合体进行动作。若原"正""副"小车各配用 2 倍率滑轮组工作的，则联合之后以 4 倍率进行吊运作业；若原"正""副"小车以 4 倍率工作的，则联合之后便可以 8 倍率进行工作，因而起重量可增大 1 倍。

长臂架（最大幅度在 50m 以上）最大起重量达 8t，起重能力在 1200kN·m 以下的小车变幅水平起重臂塔式起重机，应采用双变幅小车系统。吊运重载时，用双小车联合工作。在幅度大而起重量比较小时，则用单小车起吊，这样变幅小车轻巧一些，起重臂头部额定起重量也可适当提高一些。

② 变幅小车的附件　变幅小车的附件包括缓冲止挡装置、小车牵引绳张紧器和小车牵引绳断绳保险器。

缓冲止挡装置由橡胶制成，装设在小车车架两端，用以减缓变幅小车在行驶至臂架头端或根部撞及限位器时所产生的冲击影响。

小车牵引绳张紧器由棘轮卷筒、棘爪和拨叉等部件组成，如图 3-23 所示，借助拨叉转动棘轮卷筒使小车牵引绳得到张紧，令变幅小车平稳运行。

重锤式偏心挡杆是一种简单实用的断绳保险装置，如图 3-23 所示。变幅小车正常工作时,挡杆平卧,起牵引钢丝绳导向装置的作用。当小车牵引绳断裂时,挡杆在偏心重锤作用下,翻转直立,遇到起重臂底侧水平腹杆,就会制止小车的溜行。

每台变幅小车备有两个牵引绳断绳保险器,分设于小车(当采用双小车系统时,设于"正"小车或"前"小车)的两头牵引绳端固定处。

图 3-23　变幅小车的小车牵引绳张紧器及断绳保险器
1—扳手;2—棘轮卷筒;3—牵引绳张紧器及断绳保险器;4—挡圈;
5—断绳保险器;6—小车车架;7—导向器

采用双小车系统工作时,"正""副"小车车架上应分别设置碰挂联锁装置的组成部件和防止相碰撞的缓冲装置,还应在臂根节端部原装设缓冲止挡装置处加设一个挂钩,当"副"小车停止于臂根部不工作时,此挂钩可紧扣"副"小车的车架,不使其移动。

③ 变幅小车随挂检修作业吊篮　对于特长水平臂架(长度在50m 以上),一般在变幅小车一侧随挂一个检修吊篮,如图 3-24 所示,供维修人员搭乘,随同小车驶往起重臂各检修点进行维修和例行保养作业。维修检查作业完毕后,小车驶回起重臂根部,使吊篮与变幅小车脱钩,借助弯臂式挂钩杆将吊篮固定在起重臂结构上的专设支座处。

变幅小车随挂检修吊篮采用硬铝合金材料制作,宽 70cm,长与变幅小车长度匹配;吊篮三面围有护栏,高 2m,可装设有 3～4 道水平栏杆;操作平台用网纹钢板作底板,四周焊有高 15cm 挡脚板,以防工具坠落。

(a) 检修吊篮　　　　　　(b) 小车及随挂的检修吊篮

图 3-24　变幅小车随挂检修吊篮示意图

3.2.3　回转机构

塔式起重机的回转运动是通过回转机构来实现的。回转机构用于扩大机械的工作范围,使吊有物品的起重臂架绕塔式起重机的回转中心线作 360°的全回转。

回转机构由回转支承装置和回转驱动装置两部分组成。回转支承装置为塔式起重机回转部分提供稳定、牢固的支承,并将回转部分的荷载传递给固定部分塔身或底座;回转驱动装置驱动塔式起重机回转支撑装置的上部回转。

(1)回转支承装置

① 回转支承的构造和分类　回转支承装置由齿圈、座圈、滚动体、隔离块、连接螺栓及密封条等组成。塔式起重机的回转部分固定在回转座圈上,而固定座圈则与塔式起重机的钢结构部分的顶面相连接。

a. 根据滚动体的不同,回转支承可分为两大类:一类是球式回转支承,另一类是滚柱式回转支承。球式回转支承具有刚性比较好、变形比较小、对承座结构要求较低、造价较低等优点,所以应用较为广泛。

　　b. 根据构造不同和滚动体使用数量的多少,回转支承又分为单排四点接触球式回转支承、双排球式回转支承、单排交叉滚柱式回转支承和三排滚柱式回转支承,如图 3-25 所示。

双排球式回转支承
1—大齿圈;2—上座圈;
3—钢球;4—下座圈

单排柱式回转支承
1—大齿圈;2—滚柱;3—密封;
4—上座圈;5—下座圈

(a) 外啮合回转支承

双排球式回转支承
1—下座圈;2—上座圈;3—钢球;
4—内齿圈;5—隔离环

单排柱式回转支承
1—下座圈;2—上座圈;
3—滚柱;4—内齿圈

(b) 内啮合回转支承

图 3-25　塔式起重机上用的回转支承构造示意图

　　• 单排四点接触球式回转支承,由一个座圈和一个齿圈组成,结构紧凑、重量轻;钢球与圆弧滚道四点接触,能同时承受轴向力、径向力和倾翻力矩。

　　• 单排交叉滚柱式回转支承,由一个座圈和一个齿圈组成,结构紧凑、重量轻、制造精度高、装配间隙小,对安装精度要求高;滚柱为1:1交叉排列,能同时承受轴向力、倾翻力矩和较大的径向力。

　　• 双排球式回转支承,由一个齿圈和两个座圈(上、下座圈)组成,钢球和隔离块可直接排入上下滚道。根据受力情况,上排钢球直径比较大一些,下排钢球直径略小一些。这种回转支承装配非常方便,上、下圆弧滚道的承载角都为 90°,能承受很大的轴向力和倾翻力矩。

　　三排滚柱式回转支承,如图 3-26 所示,由三个座圈组成,上下及径向滚道各自分开。上下两排滚柱水平平行排列,承受轴向荷载和

图 3-26　三排滚柱式回转支承

倾覆力矩,径向滚道垂直排列的滚柱承受径向荷载,是常用四种形式回转支承中承载能力最大的一种,适用于回转支承直径较大的大吨位塔式起重机。

c. 根据齿圈,回转支承装置分为外啮合回转支承和内啮合回转支承,如图 3-25 所示。

② 回转支承连接螺栓的紧固与检查　回转支承是塔式起重机承上启下的重要部件,对于其连接螺栓必须强制进行定期检查,检查工作要领如下。

a. 每次拆卸解体转场时进行检查,每年至少检查一次。

b. 如塔式起重机全年均在施工,必须在工地上对各连接螺栓进行检查。检查时,应在保证塔式起重机处于平衡状态下(塔身不承受不平衡力矩)进行。采用转矩扳手(必要时可配用转矩倍加器)检查回转支承连接螺栓的紧固力矩是否符合表 3-3 所示的相应值。检查时,绝不可对螺栓进行再紧固。

表 3-3　连接螺栓紧固力矩值　　　　　　N·m

连接螺栓	螺栓级别 10.9			螺栓级别 8.8		
	最大	标准	最小	最大	标准	最小
M22	710	650	580	550		440
M24	950	850	700	700	640	500
M27	1440	1240	1100	1000	930	750
M33	2480	2200	1900	2000	1810	1600

c. 在检查过程中,可能会发现一个或数个连接螺栓的转矩超出表 3-3 中的最小或最大转矩值,遇到这种情况需更换一部分或全部连接螺栓。换用新连接螺栓时,待塔式起重机工作若干星期后,回转支承部件密切相接吻合时,可再次将各连接螺栓紧固到额定标准转矩值。

如回转支承已连续工作七年,也应按上述方法对连接螺栓进行系统换新。

③ 回转支承的润滑　回转支承采用不含树脂的非酸性轴承润滑脂进行润滑。润滑脂借助压力油枪，通过压注油杯注入，然后令塔式起重机转动约 15°，再进行压注润滑脂，并再一次回转约 15°，如此需反复进行 4～5 次。塔式起重机在施工中每周（或 50h）进行一次润滑。从接缝中溢出的润滑脂是一种补充密封层，不必擦去。齿圈的齿面发现裸露时，应及时涂上润滑脂。

（2）回转驱动装置

塔式起重机回转机构由电动机、液力耦合器、常开式制动器、变速箱和回转小齿轮等组成。回转机构的传动方式一般是电动机通过液力耦合器、变速箱带动小齿轮围绕大齿圈转动，驱动塔式起重机回转支承以上部分做回转运动，如图 3-27 所示。

图 3-27　回转驱动装置

1—电动机；2—液力耦合器；3—常开式制动器；4—行星齿轮减速器；5—回转小齿轮

图 3-28 所示为 POTAIN 塔式起重机的双驱动回转机构，由电动机通过行星摆线针轮减速器带动小齿轮运动，从而带动转台回转。缓冲器在回转运动中减缓回转惯性，使回转平台运动平稳。

图 3-28 双驱动回转机构

1,2—缓冲器;3—行星摆线针轮减速器;4—大齿圈;5—回转限位器

回转限位器安装在回转驱动器一侧,如图 3-28(b)所示,取样齿轮与回转支承大齿圈啮合,通过支承轴将塔式起重机旋转角度信号传给限位器,从而实现限位。POTAIN 塔式起重限位器如图 3-29 所示。

图 3-29 POTAIN 塔式起重机的回转限位器

1—回转平台;2—回转限位器;3—回转限位器安装座

塔式起重机的起重臂较长,迎风面较大,风载产生的转矩也较大,因此,塔式起重机的回转机构一般均采用可操纵的常开式制动器(应有制动器制动后的锁住装置),即在非工作状态下,制动器松闸,使起重臂可以随风向自由转动,臂端始终指向顺风的方向。制动器采用干式单片电磁制动器,这种制动器动作灵敏、安全可靠、无噪声、性能稳定、结构紧凑、安全方便。

塔式起重机回转驱动装置具有调速功能,调速分有级调速和无级调速。有级调速主要有变极调速、绕线转子电动机调速等,无级调速主要有电磁转差离合器调速、调压调速等。无级调速主要用于大型塔式起重机上。

3.2.4　行走机构

塔式起重机行走机构的作用是驱动塔式起重机沿轨道行驶。行走机构由电动机、减速箱、制动器、行走轮和台车架等组成,如图3-30所示。由于起重机运动惯性较大,往往在启动的时候,使电动机负荷剧增。电动机通过液力耦合器把动力传给减速器驱动大车车轮在滚道上行走,则很好地解决了这个问题,改善了起重机行走机构电动机的工作条件,使起重机能平稳起步。

图3-30　塔式起重机的大车行走机构传动简图

1—电动机;2—液力耦合器;3—行星齿轮减速器;4—小齿轮;5—车轮;6—台车架

以液体为工作介质、靠液压静力传递能量的流体传动称为液压传动。液压传动系统利用液压泵将机械能转换为液体的压力能,再通过各种控制阀和管路的传递,借助于液压执行元件(液压缸或马达)把液体压力能转换为机械能,从而驱动工作机构,实现直线往复运动和回转运动。塔式起重机液压顶升系统,是完整的液压传动系统,目前,塔式起重机的升塔接高几乎全部采用液压传动来完成。由于采用了液压传动,才能完成难度较大的自升式塔式起重机的自升过程。

第**4**章
塔式起重机的液压顶升系统

4.1 液压传动知识

4.1.1 液压传动系统的组成和作用

液压传动系统由动力元件、执行元件、控制元件、辅助元件和工作介质等组成。

(1)动力元件

动力元件供给液压系统压力,并将原动机输出的机械能转换为油液的压力能,从而推动整个液压系统工作,动力元件最常见的形式就是液压泵,它给液压系统提供压力。

(2)执行元件

执行元件是把液压能转换成机械能的元件,即液压缸或液压马达,以驱动工作部件运动。

(3)控制元件

控制元件包括各种阀类,如压力阀、流量阀和方向阀等,用来控制液压系统的液体压力、流量(流速)和方向,以保证执行元件完成预期的运动。

(4)辅助元件

辅助元件指各种管接头、油管、油箱、过滤器和压力表等,起连接、储油、过滤和测量油压等辅助作用,以保证液压系统可靠、稳定、持久地工作。

(5)工作介质

工作介质指在液压系统中,承受压力并传递压力的油液,一般为矿物油,统称为液压油。液压油既是液压系统的工作介质,又是液压元件的润滑剂和冷却剂,液压油的性质对液压传动性能有明显的影响。

4.1.2 液压系统主要元件

(1)液压泵

液压泵是液压系统的动力元件,其作用是将原动机的机械能转换成液体的压力能。液压泵的结构类型一般有齿轮泵、叶片泵和柱塞泵,其中,齿轮泵被广泛用于塔式起重机顶升机构。齿轮泵在结构上可分为外啮合齿轮泵和内啮合齿轮泵两种,常用的是外啮合齿轮泵。

图 4-1 所示为外啮合齿轮泵的基本形式,由两个尺寸相同的齿轮在一个紧密配合的壳体内相互啮合旋转,齿轮的外径及两侧与壳体紧密配合,组成了许多密封工作腔。当齿轮按一定的方向旋转时,一侧吸油腔由于相互啮合的齿轮逐渐脱开,密封工作腔容积逐渐增大,形成部分真空,因此油箱中的油液在外界大气压的作用下,经吸油管进入吸油腔,将齿间槽充满,并随着齿轮旋转,把油液带到另一侧的压油腔内。在压油腔的一侧,由于齿轮在这里逐渐进入啮合,密封工作腔容积不断减小,油液便被挤出去,从压油腔输送到压油管路中去。这里的啮合点处的齿面接触线一直起着隔离高、低压腔的作用。

图 4-1 外啮合齿轮泵的基本形式

1—工作齿轮;2—后端盖;3—轴承体;4—铝质泵体;5—密封圈;6—前端盖;7—轴封衬

液压泵在工作中,输出油液的压力随系统的外荷载而变化。外荷载增大,油压随之增加,液压泵的工作压力也增高。但泵的工作压力受到泵本身零件强度和泄漏的限制,不可能无限制地增高。齿轮泵的工作压力一般为 12~20MPa 之间。

使用齿轮泵时,应注意其进、出油口和泵的旋转方向。一般情况下,口径一样时进出油口通用;口径不同时,大口径为进油口,小口径为出油口。进出油口口径不同时,应特别注意其标明的旋转方向,不可搞错。此外,安装齿轮泵时应注意其吸油高度,一般不宜超过 50cm。过高时,吸油困难甚至吸不上油。

(2)液压缸

液压缸一般用于实现往复直线运动或摆动,将液压能转换为机械能,是液压系统中的执行元件。液压缸接结构形式可分为活塞缸、柱塞缸和摆动缸等。

活塞缸和柱塞缸实现往复直线运动,输出推力或拉力;摆动缸则能实现小于 36°的往复摆动,可输出转矩。

液压缸按油压作用形式又可分为单作用式液压缸和双作用式液压缸。单作用式液压缸只有一个外接油口输入压力油,液压作用力仅作单向驱动,而反行程只能在其他外力的作用下完成;双作用式液压缸分别由液压缸两端外接油口输入压力油,靠液压油的进出推动液压杆的运动。塔式起重机的液压顶升系统多使用单出杆双作用活塞式液压缸,如图 4-2 所示。

图 4-2　双作用单活塞杆液压缸构造图
1—压注油嘴;2—缸底;3,7,17—挡圈;4—卡键帽;5—卡键;6,16—Y 形密封圈;8—活塞;
9—支承环;10,14—O 形密封圈;11—缸筒;12—活塞杆;13—导向套;15—端盖;
18—螺钉;19—防尘圈;20—锁紧螺母;21—耳环;22—滑动轴承套

图 4-3 液压缸的排气塞

液压缸应在一定的工作压力下具有良好的密封性能,且密封性能应随工作压力的升高而自动增强。此外还要求密封元件结构简单、寿命长和摩擦力小等。

液压缸中如果有残留空气,将引起活塞运动时的爬行和振动,产生噪声和发热,甚至使整个系统不能正常工作,因此应在液压缸上增加排气装置。常用的排气装置为排气塞结构,如图 4-3 所示。排气装置应安装在液压缸的最高处。工作之前先打开排气塞,让活塞空载做往返移动,直至将空气排干净为止,然后拧紧排气塞进行工作。

(3)控制阀

控制阀是液压系统的控制元件,用以操纵控制液压系统中的各个执行元件,不仅要保证工作机构按预期的要求完成动作,而且还要起到对液压系统的安全保护作用。塔式起重机顶升系统使用的控制阀主要有压力控制阀和方向控制阀。

压力控制阀用来控制液流的压力,满足工作机构荷载变化的要求,如保持系统的一定压力、限制系统的最高压力、实现一定的工作顺序等。压力控制阀主要有溢流阀、平衡阀和顺序阀等。

方向控制阀用来控制液压系统中液流的方向,以实现改变工作机构的动作。常用的有单向阀和换向阀等。

① 溢流阀 溢流阀也称为安全阀。液压系统中油液的压力取决于外荷载的大小,荷载越大,油液压力越高。如图 4-4 所示,当系统中油液压力不断增高时,就有可能损坏系统中的某些部件。为了保证系统安全,避免发生上述情况,必须装设溢流阀。塔式起重机的液压系统同样设置溢流阀,以限制在顶升过程中最高压力不超过额定值,从而对液压泵和其他元件进行保护。

溢流阀分直动式溢流阀和先导式溢流阀两种。直动式溢流阀由阀体、阀芯、调压弹簧、弹簧座、调节螺杆等组成,如图 4-5 所示。先导式溢流阀由主阀和先导阀两部分组成,如图 4-6 所示。

图 4-4　溢流阀在油路中的应用

1—液压缸；2—油箱；3—液压泵；4—溢流阀

图 4-5　直动式溢流阀

1—阻尼孔；2—阀体；3—阀芯；4—弹簧座；
5—调节螺杆；6—阀盖；7—液压弹簧；
P—进油口；T—溢流口

图 4-6　先导式溢流阀

1—主阀；2—主阀弹簧；3—先导阀；4—调压弹簧；5—阻尼孔；
P—进油口；T—流口；K—控制油口

　　溢流阀的工作原理如图 4-5 所示。当液压泵至溢流阀进油口 P 的压力逐渐上升，压力升高到足以克服液压弹簧 7 的推力而顶开阀芯，油液自溢流阀内通过从溢流口 T 流回油箱，系统压力下降。油压下降到与弹簧力相等时，阀芯在弹簧作用下复位，停止溢流。溢流阀的作用是使系统的压力维持在调定值的水平上，通过调节螺杆 5，可以调整弹簧的张紧程度，从而实现系统压力设定，防止过载，保护系统的安全。

　　② 平衡阀　塔式起重机的自升过程要求工作平稳、微动性好、调整方便，特别是卜落时要控制一定的速度，停靠时能平稳到位，并

能支持塔式起重机上部重量。这些要求是通过在液压系统中设置平衡阀(限速液压锁)来实现的。平衡阀是由顺序阀和单向阀结合而成,如图 4-7 所示。

平衡阀在液压顶升系统油路中的应用如图 4-7(c)所示,液压缸不能回油,重物被支持住。若需下降,则泵出的油进入液压缸上腔和平衡阀的 C 腔,在压力升高到调定值时,使下腔通过 A 回油,于是重物下降。

(a) 组合式平衡阀结构（倒流式）及平衡阀图形符号

(b) 组合式平衡阀结构（顺流式）　(c) 平衡阀在液压顶升系统油路中的应用图

图 4-7　平衡阀的结构和应用示意图

1—滑阀;2—导向活塞;3—单向阀

若重物下降速度过快以致泵供油来不及时,C 腔的压力下降,滑阀 1 阀芯处于关闭方向,增大回油节流效果,重物的下降速度就减低了。重物的下降速度受平衡阀和泵流量限制,以防重物超速下降。

③ 双向液压锁　双向液压锁一般情况下多见于液压缸的保压,

安装在液压缸上端。双向液压锁主要为了防止油管破损等原因导致系统压力急速下降,锁定液压缸,防止事故发生。其工作原理如图4-8所示,当进油口B进油时,液压油正向打开单向阀1从D口进入液压缸,推动液压缸上升,液压缸的回油经双向锁C口进入锁内,从A口排出(此时滑阀已将左边单向阀2打开);当B口停止进油时,单向阀1关闭,液压缸内高压油不能从D口倒流,实现保压。

图4-8 双向液压锁工作原理

④ 换向阀 换向阀靠阀杆在阀体内轴向移动而打开或关闭相应的油口,从而改变液流方向。其特点是易于实现径向力的平衡,换向时所需的操作力小,实现多通路控制,工作可靠。

各种不同滑阀位置和不同通路的组合,可以得到多种类型的换向阀。如二位三通、二位四通、三位四通和三位六通等。一般塔式起重机的顶升系统多使用三位四通阀。

常用手动三位四通换向阀的作用原理如图4-9所示,其有三个位置,A、B、P、O四个通道,A、B通路与执行元件的进、出油口相连,P与液压油源相通,O与回油路相通。

如图4-9(a)所示,滑阀处于中位,此时各油路互不相通,执行元件不工作。图4-9(b)所示为手动三位四通换向阀构造及操作手柄的三个位置。

(a) 机械定位手动三位四通换向阀简图

(b) 手动三位四通换向阀构造简图

图 4-9　手动三位四通换向阀

P—压力油入口；O—回油口；A—出油口；B—出油口

(4)液压辅助元件

① 油箱　油箱的作用是储油、散热、沉淀杂质和分离出油中的空气及气泡等。油箱一般由钢板冲压、焊接而成，其容积应保持工作时有适当的油面高度，能散发正常运行中产生的热量，分离液压油中的空气、污物和异物。一般根据系统的压力、流量、使用环境及冷却条件等因素，取液压泵额定流量的 2～6 倍。

② 滤油器和油管　液压系统中所有故障 80% 左右是由被污染的液压油引起的。滤油器被用来清除油中杂质(包括油的分解物，系统外部进入的污物和尘土，液压元件在工作过程中的磨损物等)，使之不再进入液压系统的各组成元件中去。因此，滤油器是保证液压系统正常工作的必不可少的辅助元件。滤油器在液压系统中一般安装在吸油管路上或液压泵吸油口处。

油管用来将液压系统中各个液压元件连接起来，构成循环回路，达到能量传递与控制的目的。油管的种类很多，塔式起重机顶升液压系统中主要采用冷拔无缝钢管和耐油橡胶软管。

③ 压力表　塔式起重机顶升液压系统中，压力表是用来观察和掌握系统压力，判断系统工作是否正常的工具。压力表安装在液压泵出口处。

4.1.3　液压系统的安装、检查和维护

(1)液压系统安装和检查

液压系统在安装前应仔细检查各组件的包装和外观，确认无运

输和长期保存造成的缺陷后,按照塔式起重机总图所示液压系统的位置、连接方式、技术要求安装和连接。

液压系统安装完毕后,应先通过油箱观察孔,仔细检查系统油箱液位是否达到规定油位线。启动齿轮泵电动机前,应将手动换向阀处于中位。启动齿轮泵电动机,检查齿轮泵旋转方向(泵上有标志)是否正确。一般平衡阀和溢流阀在顶升系统出厂前已按要求调整好,不允许随意变动。

顶升液压缸开始使用前,应使液压缸空载往复伸缩几次(利用手动换向阀手柄上下切换),排除液压系统中的空气。顶升液压缸正式使用时,应严格遵守操作规程,经常检查各油管接头是否严密,不应有漏油现象。

(2)液压系统维护

液压系统应经常检查滤油器有无堵塞。当手动换向阀处于中位,压力表显示压力值大于等于 0.3MPa 时,必须拆下滤油器,用干净煤油或汽油清洗干净,发现损坏必须更换。

总装或大修后,初次启动齿轮泵电动机前,应先检查液压油出口和入口连接是否正确,电动机转动方向是否正确,吸油管路是否漏气;最后,在规定转速内启动运转液压系统。液压泵、液压缸和控制阀如发现漏油渗油应及时处理。

液压系统总成非工作状态时应加盖防护罩,工程完工迁移时拆卸,应注意安全,严格按操作程序操作(塔式起重机出厂时均有使用说明书)。

液压装置若需长期停止使用,各油口应灌入防锈油,拧上清洁防护堵罩,外露加工表面涂上防锈脂,妥善保存。

冬季启动时,应试运行多次,待油温上升和控制阀动作灵活后,再正式运转使用。正常情况工作油温为 0~65℃。

液压油选用,应严格按照塔式起重机使用说明书的规定(一般是以不同季节的工作环境温度和液压泵的要求为依据)。往油箱中加油时,需经 120 目以上过滤器过滤,因为污染的油会堵塞溢流阀阻尼孔。如发现液压缸不能正常上下运动时,必须清洗溢流阀。液压油必须保持清洁,这样可以大大减小压力的损失,防止磨耗,延长机器的寿命。

各个液压元件未经专业技术人员的许可,不得随意进行拆卸,当液压系统发生故障时必须停车,且压力降到零时才能维修。

4.2 液压顶升系统的工作原理和工作过程

4.2.1 QTZ-200 塔式起重机液压顶升系统

QTZ-200 塔式起重机液压顶升系统属于中央顶升系统,如图 4-10 所示。该系统的特点是在连接液压缸的大腔和有杆腔的油路中设置了由顺序阀和单向阀组合而成的平衡阀,所以这种回路称为平衡回路。另外,手柄 B 操作的是两位两通换向阀,其作用是控制系统供油压力,与其相连的是两个压力不同的溢流阀,调节压力分别为 2.5MPa 和 3.5MPa。

(a) 液压顶升系统　　　　　　　　　(b) 顶升接高过程

图 4-10　采用外塔架顶升、内塔架接高中央顶升工艺的

1—定位销操纵杆;2—顶升套架;3—液压顶升系统的油箱总成;4—操作平台;5—塔身标准节及摆渡小车;6—活塞杆;7—过渡节;8—上操作平台;9—承重;10—回转支承;11—液压缸

在顶升过程中,电动机带动液压泵,液压油经由滤清器被吸入,以高压输出到两个换向阀,即用手柄 A 控制的三位四通换向阀和用

手柄 B 控制的两位两通弹簧复位的换向阀。推动手柄 A 向前,高压油直接顶开平衡阀中的单向阀进入液压缸上部大腔,活塞杆在液压油的作用下向下伸出。有杆腔的液压油由于此时单向阀处于截止状态,因而只能通过顺序阀流回油箱,而顺序阀的开启是由液压缸上部大腔的油压所控制的,从而保证套架及其以上的结构被平稳顶起,并有效地防止了在顶升的过程中套架超速上升和突然下降的危险现象发生。

拉动手柄 A 向后,液压油则由三位四通阀直接通过单向阀流入液压缸下部的有杆小腔中,并使活塞杆回缩,而活塞上部的液压油则经过顺序阀才能流回油箱。当套架及其以上的结构在自重力的作用下下降速度过快时,液压缸有杆小腔的油压下降,而受其控制的顺序阀瞬时截止,这样就避免了套架及其以上的结构超速下降甚至坠落和倒塔的危险现象发生,保证平稳下降。

4.2.2　F0/23B 塔式起重机液压顶升系统

F0/23B 塔式起重机液压顶升系统的特点是:顶升液压缸设于塔身一侧,采用侧顶升方式;采用高压柱塞定量泵;液压缸底端设有调节阀,通过液控活塞调节单向阀的开闭。该机液压顶升系统泵站如图 4-11 所示。

图 4-11　液压顶升系统液压泵站示意图

如图 4-12 所示,F0/23B 型塔式起重机液压顶升系统的液压缸由缸筒 1、活塞 2、活塞杆 3、缸筒底端 4 等组成。底端内装控制装置,该装置由一个液控活塞 6 控制的高压大流量单向阀 5,一个液控活塞 8 控制的小流量单向阀 7 以及一个安装在小流量油路上的节流阀 9 所组成。

图 4-12 液压缸构造示意图

1—缸筒;2—活塞;3—活塞杆;4—缸筒底端;5—高压大流量单向阀;

6,8—液控活塞;7—小流量单向阀;9—节流阀;

A—高压油孔;B—低压油孔

如图 4-13 所示,液压泵站上的操纵杆不动作,换向阀 5 处在中位,液压油流至换向阀 5 后,流回油箱,顶升套架静止不动。

图 4-13 F0/23B 型塔式起重机液压顶升系统图

1—平衡阀;2—安全阀;3—安全阀(高压调节阀);4—安全阀(泵内);

5—换向阀;6—可调节流阀;7—顶升液压缸;8—液压泵站

A,C—液控活塞;B,D—单向阀

操纵杆拨至"顶升"位置,换向阀 5 换到左位,压力油经 B、D 进入液压缸大腔,液压缸小腔中的液压油经平衡阀 1 通过低压油路流入油箱。

放下操纵杆,停止"顶升"动作时,单向阀 B、D 使在塔式起重机上部重力作用下关阀。当顶升动作停止时,由顶升横梁产生的压力并不比平衡阀调定的压力大。因此,小腔中的液压油不能通过低压油路流入油箱。

操纵杆拨至"下降"位置,塔式起重机回转部分重量是致使"下降"的外荷载。此时换向阀 5 换到右位,液压缸小腔的低压油与由外荷载产生的压力相叠加,推动液控活塞 A,打开单向阀 B。但此油液并不能推动液控活塞 C 以打开单向阀 D,因为作用于此活塞上的油液压力远小于大腔油液的压力。因此,大腔里的液压油便通过可调节流阀 6 如图 4-13 所示,经单向阀 B 而回流入油箱。此时,下降速度取决于油液流量,也即决定于可调节流阀 6 的调节量。

在回收活塞杆,提起顶升横梁时,外荷载为顶升横梁的自重,其运动过程同前述下降过程。但由外荷载产生的压力与低压油流的压力相抵消,使大腔油液压力减小,油液压力足以推动液控活塞 C,以打开单向阀 D,液压油经单向阀 D 流回油箱。顶升横梁向上提升速度取决于液压泵的排量,一般是顶升速度的 2 倍。

4.2.3 塔式起重机顶升作业操作过程

(1)顶升作业前的准备

① 作业条件 顶升作业应在光线足够、没有摆动的条件下进行。在顶升过程中,严禁回转及其他作业。

② 标准节 清理好各个标准节,在标准节连接处涂上黄油,将待顶升加高用的标准节有序地放在顶升位置的起重臂下,这样使塔式起重机在整个顶升加节过程中,操作方便,效率提高。

③ 电缆 电缆要伸缩自如,留有足够的长度,并紧固好电缆。

④ 起重臂 将起重臂旋转至顶升套架前方,平衡臂处于套架的后方(顶升液压缸正好位于平衡臂下方)。

⑤ 螺栓 在套架平台上准备好连接塔身标准节用的高强度螺栓。

(2)顶升作业前塔式起重机的配平

① 配平前 塔式起重机配平前,必须先将小车运行到配平参考

位置,并吊起一节塔身标准节,如图 4-14 所示。

外伸框架

图 4-14　顶升作业前塔式起重机的配平示意图

在实际操作中,观察到爬升架上四周所有导轮基本上与塔身标准节主弦杆脱开时,即为理想位置,然后拆除回转下支座四支脚与标准节的连接螺栓。

② 进行配平　将液压顶升系统操纵杆推至"顶升方向",使套架顶升至下支座支脚刚刚脱离塔身主弦杆的位置。

③ 检查起重机是否平衡　通过检验下支座支脚与塔身主弦杆是否在一条直线上,并通过观察套架滚轮与塔身主弦杆间隙是否基本相同来检查塔式起重机是否平衡。略微调整小车的配平位置,直至平衡,使得塔式起重机上部重心落在顶升液压缸梁的位置上。

④ 标记位置　记下起重臂小车的配平位置,但要注意,这个位置随起重臂长度不同而改变。

⑤ 连接螺栓　操纵液压系统使套架下降,连接好回转下支座和塔身标准节间的连接螺栓。

⑥ 配平完成　将吊起的标准节放下。

(3)顶升作业

① 调整变幅小车到配平位置　将安装好引进滚轮的塔身标准节吊起并安放在外伸框架上(标准节踏步侧必须与已安装好的标准节踏步一致),再吊起一个标准节并调整变幅小车到配平的位置,这样使得塔式起重机的上部重心落在顶升液压缸的位置上,然后卸下塔身与回转下支座的连接螺栓。

② 连接顶升横梁　开动液压系统,将顶升横梁如图 4-15 所示顶在塔身就近一个踏步上,并将顶升横梁的锁紧销轴插入踏步销

孔内。

③ 固定顶升套架　开动液压系统使活塞杆伸长约 1.25m,放平顶升套架上的顶升换步卡板(图 4-16),稍缩活塞杆,使卡板搁在塔身的踏步上。

图 4-15　顶升横梁

图 4-16　顶升换步卡板

④ 移动顶升横梁　抽出顶升横梁上的锁紧销轴,将液压缸全部缩回,重新使顶升横梁顶在塔身的上一个踏步上,并将锁紧销轴插入踏步销孔内。

⑤ 装进标准节　再次开动液压系统使活塞杆伸长约 1.25m,此时塔身上方恰好有装入一个标准节的空间,利用引进滚轮在外伸框架上滚动,人力把标准节引至塔身的正上方,对准标准节的螺栓连接孔,稍缩液压缸至上下标准节接触时,用高强度螺栓将上下塔身标准节连接牢靠(预紧力矩为 2.5kN·m)后卸下引进滚轮。

⑥ 顶升完成　若继续加节,则可重复以上步骤。当顶升加节完毕,可调整液压缸的伸缩长度,将回转下支座与塔身用高强度螺栓连接牢固,即完成顶升作业。

顶升作业时要特别注意锁紧销轴的使用。在顶升中,驾驶员要听从指挥,严禁随意操作,防止臂架回转。

4.2.4　塔式起重机顶升作业安全注意事项

① 在顶升作业中,必须有专人指挥,专人照看电源,专人操作液压系统,专人紧固高强度螺栓。非专业人员不得进行顶升作业,更不得操纵液压系统和电气设备。

② 顶升作业应在白天进行。若遇特殊情况需在夜间作业,必须

有充足的照明。

③ 风力在 4 级以上时,不得进行顶升作业。如在顶升作业中风力突然增大,必须立即停止顶升作业,并紧固连接螺栓。

④ 顶升前应预先放松电缆,使电缆线长度略大于总爬升高度,并做好电缆卷筒的紧团工作。

⑤ 在顶升过程中,回转机构应制动牢固并严禁其他作业。

⑥ 在顶升作业中,若发现故障,应立即停止作业,检查并排除故障后才能继续顶升。

⑦ 每次顶升前,必须认真做好准备工作。在顶升作业完成后,应做全面检查,各连接螺栓是否按规定预紧力紧固,顶升套架滚轮与塔身间隙是否调整好,操作杆是否回到中间位置,液压系统的电源是否已切断。

塔式起重机的电气系统由电源、电气设备、导线等组成。从塔式起重机配备的开关箱接电,通过电缆送至驾驶室内断路器再到电气控制柜,由设在操作室内的万能转换开关或联动台发出主令信号,对塔式起重机各机构进行操作控制。

塔式起重机的电源一般采用 380V、50Hz,三相五线制供电,工作零线和保护零线分开。工作零线用作塔式起重机的照明等 220V 的电气回路中。专用保护零线,常称 PE 线,首端与变压器输出端的工作零线相连,中间与工作零线无任何连接,末端进行接地。专用保护零线接在设备外壳上,由于专用保护零线通常无电流流过,不会产生任何电压,因此能起到比较可靠的保护作用。

第**5**章
塔式起重机的电气设备

塔式起重机的电路包括主电路、控制电路和辅助电路。主电路是指从供电电源通向电动机或其他大功率电气设备的电路。辅助电路包括照明电路、信号电路、电热采暖电路等。可以根据不同情况与主电路或控制电路相连。

塔式起重机的主要电气设备包括：电缆卷筒和中央集电环；电动机；操纵电动机用的电器，如控制器、主令控制器、接触器、继电器和制动器等；保护电器，如自动熔断器、过电流继电器和限位开关等；主电路和辅助电路中的控制、切换电器，如按钮、开关和仪表等。属于辅助电气设备的有照明灯、信号灯、电铃、喇叭、通信手机等。

5.1 电缆卷筒和中央集电环

5.1.1 电缆卷筒

电缆卷筒装置用于卷绕电缆后盘状储存。当移动用电设备行走时，卷筒则放缆、收缆。一般放缆利用电缆的张力拉动卷筒转动，松解电缆；收缆则是利用电动力、重块或弹簧势能转动卷筒收缆。轨道式塔式起重机必须装配电缆卷筒，电源要经由电缆卷筒引入塔式起重机的控制柜后，才能分送到备用电部位。

电缆卷筒分为轻、中、重三种。轻型电缆卷筒采用转矩电动机驱动，转矩电动机只能向收卷电缆的方向转动，其功率大小仅够其张紧并收卷电缆。这种轻型电缆卷筒最大容量为 $30\sim60m$，有效作业面的长度为电缆容量的 2 倍。重、中型电缆卷筒采用带电磁离合器的电动机驱动，电磁离合器通过减速器带动电缆卷筒。当塔式起重机通电行走时，电动机和离合器也通电运行，实现电缆的收放。卷筒容量为 150～250m，塔式起重机行驶距离可达 300～500m。

F0/23B、H3/36B 等型塔式起重机装备的电缆卷筒大多是 50～60型或 70～110 型电缆卷筒。如图 5-1 所示，整个电缆系统由支座、导缆盒架、卷筒、电动机、可逆摩擦传动、集电环等部件组成。塔式起重机大车行走机构开始运行时，电缆卷筒电动机便立即通电，通过特殊设计的可逆摩擦传动部件带动卷筒运转。根据电缆所受的拉力，确定卷筒转向，放松电缆或回收卷绕电缆。一般在塔式起重机停止运行 5s 后，电缆卷筒电源即被切断，以保证在塔式

图 5-1　法国 POTAIN 塔式起重机电缆卷筒构造

1—集环组件；2—电刷；3—支座；4—集电环罩盖；5—螺母；6—套管；
7—环座及螺栓；8—电动机；9—集电环组件；10—集电环部件；
11—螺栓及垫圈；12—摩擦传动部件；13—电缆扣；14—电缆卷筒法兰盘端板

起重机完全停车静止不动时可以收紧松弛的电缆。

图 5-2 所示为 TN 系列塔式起重机电缆卷筒，可存储 4 ×
35mm² 电缆 75m，采用笼型电动机驱动，通过液力耦合器、联轴
器、行星减速器和链传动带动卷筒。德国 LIEBHERR 厂 HC 系列
塔式起重机也采用类似构造的电缆卷筒。上述电缆卷筒的共同特点
是：集电环设在卷筒外面，维护检修方便；集电环、传动系统和开
关设备均设有较好的防水设施；卷筒两端栏板及筒体均用薄壁钢管
及薄钢板组焊而成，自重较轻。

图 5-2 德国 PEINER TN 系列塔式起重机电缆卷筒构造简图
1—卷筒；2—滚珠轴承；3，4—电刷总成及铜组件；5—集电环；6—熔断器盒；
7—电动机保护开关；8—电缆排缆导架；9—球面调心轴承；10—电动机；
11—联轴器；12—液力耦合器；13，15，17，20，21—链轮；
14—行星齿轮减速器；16—导鞍；18，19—传动链；22—轴

5.1.2 中央集电环

上回转自升式塔式起重机，由固定塔身承座向转台以上回转部
分送电。为避免电缆由于回转失控而造成扭断事故，应利用回转支
承及转台结构空间设置中央集电环，通过中央集电环向上送电。

图 5-3 所示为德国 PEINER TN 系列塔式起重机所采用的中央

集电环构造简图。

图 5-3 德国 PEINER TN 系列塔式起重机所采用的中央集电环构造简图
1，16，19—螺母；2，3，5—垫圈；4—隔离板；6，10，13，15—隔离套；
7，12—绝缘管；8—隔离环；9，22—滑环；11，17—隔离柱螺杆；14—挡圈；
18—承托环；20—六角螺栓；21—接地环；23，24—副架及电刷

　　该集电环由上、下支座、隔离柱、滑环组、电刷及电刷架等组成。滑环组共有 22 个筒环，串套在隔离柱上，各环直径均为 150mm，但厚薄不一，其中 4 个厚 20mm，其余 18 个厚 18mm；滑环与滑环之间采用绝缘套管隔开，通过下支座使整个滑环组铰固在底架或承座上；定心销轴、弹簧和张紧压盖通过上、下支座保持滑环组处于塔身中央位置。电刷架则通过框架固定在转台结构上，电刷架由立柱、框架、刷架、刷座和电刷组成；塔式起重机回转时，电刷套架带动电刷围绕滑环转动。外电源通过滑环、电刷作用，再经由电源线引往上部用电部位。
　　这种中央集电环的特点是：构造简单、零部件少、拆装方便；

滑环材质好，采用精密铸造，断面小、刚度好、效率高；刷架、刷座结构合理，铰接灵活，弹簧压紧力好，电刷与滑环之间接触紧密，磨损均匀。

5.2 电动机

电动机分为交流电动机和直流电动机两大类。交流电动机分为异步电动机和同步电动机，异步电动机又可分为单相电动机和三相电动机。除了一些超重型塔式起重机采用直流电动机驱动外，一般塔式起重机的行走、变幅、卷扬和回转机构都采用三相异步电动机驱动。这类电动机应具备下列特性：能适应频繁短时工作的要求；启动转矩比较大；启动轻易，启动电流小；过载能力大；能适应露天恶劣天气作业环境。

5.2.1 三相异步电动机

(1) 三相异步电动机的结构

三相异步电动机也叫三相感应电动机，主要由定子和转子两个基本部分组成。转子又可分为笼型和绕线型两种。

① 定子 定子主要由定子铁芯、定子绕组、机座等组成。

a. 定子铁芯。定子铁芯是异步电动机主磁路的一部分，通常由导磁性能较好的 $0.35 \sim 0.5mm$ 厚的硅钢片叠压而成。对于容量较大（10kW 以上）的电动机，在硅钢片两面涂以绝缘漆，作为片间绝缘之用。

b. 定子绕组。定子绕组是异步电动机的电路部分，由三相对称绕组按一定的空间角度依次嵌放在定子线槽内，如图 5-4 所示。

c. 机座。机座的作用主要是固定定子铁芯并支撑端盖和转子。中小型异步电动机一般都采用铸铁机座。

图 5-4 三相电动机的定子绕组

② 转子 转子部分由转子铁芯、转子绕组及转轴组成。

a. 转子铁芯。转子铁芯也是电动机主磁通磁路的一部分，一般由 0.35～0.5mm 厚的硅钢片叠成，并固定在转轴上。转子铁芯外圆均匀分布着线槽，用以浇铸或散放转子绕组。

b. 转子绕组。转子绕组按其形式分为笼型和绕线型两种。

小容量笼型电动机一般采用在转子铁芯槽内浇铸铝笼条，两端的端环将笼条短接起来，并浇铸冷却成风扇叶状，如图 5-5 所示。

图 5-5　笼型电动机的转子

绕线型电动机是在转子铁芯线槽内嵌放对称三相绕组，如图 5-6 所示。三相绕组的一端接成星形，另一端接在固定于转轴的滑环（集电环）上，通过电刷与变阻器连接。图 5-7 所示为三相绕线型电动机的滑环结构。

图 5-6　绕线型电动机的转子绕组

图 5-7　三相绕线型电动机的滑环结构

c. 转轴。转轴的主要作用是支撑转子和传递转矩。

(2) 电动机的技术参数

① 额定功率　电动机的额定功率也称额定容量，表示电动机在额定工作状态下运行时，轴上能输出的机械功率，单位为 W 或 kW。

② 额定电压　指电动机额定运行时，外加于定子绕组上的线电压，单位为 V 或 kV。

③ 额定电流　指电动机在额定电压和额定输出功率时，定子绕组上的线电流，单位为 A。

④ 额定频率　额定频率是指电动机在额定运行时电源的频率，单位为 Hz。

⑤ 额定转速　额定转速是指电动机在额定运行时的转速，单

位为 r/min。

⑥ 接线方法 表示电动机在额定电压下运行时,三相定子绕组的接线方式。

目前电动机铭牌上给出的接法有两种,一种是额定电压为 380/220V,接法为 Y/△（星形/三角形）;另一种是额定电压 380V,接法为△（三角形）。

⑦ 绝缘等级 电动机的绝缘等级,是指绕组所采用的绝缘材料的耐热等级,它表明电动机所允许的最高工作温度,见表 4-1。

表 4-1 电动机的绝缘等级及允许最高工作温度

绝缘等级	Y	A	E	B	F	H	C
最高工作温度/℃	90	105	120	130	155	180	>180

(3) 三相异步电动机的运行与维护

① 电动机启动前检查

a. 电动机上和附近有无杂物和人员。

b. 电动机所拖动的机械设备是否完好。

c. 大型电动机轴承和启动装置中油位是否正常。

d. 绕线型电动机的电刷与滑环接触是否紧密。

e. 转动电动机转子或其所拖动的机械设备,检查电动机和拖动的设备转动是否正常。

② 电动机运行中的监视与维护

a. 电动机的温升及发热情况。

b. 电动机的运行负荷电流值。

c. 电源电压的变化。

d. 三相电压和三相电流的不平衡度。

e. 电动机的振动情况。

f. 电动机运行的声音和气味。

g. 电动机的周围环境、适用条件。

h. 电刷是否有冒火或其他异常现象。

5.2.2 塔式起重机常用的电动机

塔式起重机使用的电动机系列较多,一般都采用三相异步电动机。常用的是笼型异步电动机、绕线转子异步电动机。其中包括笼型三相异步变极电动机、笼型三相异步多速小车变幅电动机、笼型三相异步回转电动机等。采用不同的连接和控制方式，可实现电动机的多速控制，以满足塔式起重机的使用要求。

（1）多速电动机

在塔式起重机中，为了满足其较宽的调速范围，经常使用多速电动机。多速电动机就是使定子绕组按不同接法形成不同极数，从而获得不同的转速。在中、小型塔式起重机中，常用笼型多速电动机，这就是 YZTD 系列的塔式起重机专用多速异步起重电动机。

笼型多速电动机的型号、规格比较多，双速的有 4/16、4/12、4/8 组合，三速的有 4/8/32、4/6/24、2/4/22。变极调速的笼型电动机由于受启动电流的限制，功率在 24kW 以下比较适用，若功率过高，对电网电压冲击比较大，工作不太稳定。在中等偏大型塔式起重机中，对起重量在 8t 以上、起升速度在 100m/min 左右的 24kW 电动机就不够用了，如果还用笼型电动机变极调速就不太适用，应改用绕线型电动机变极调速。绕线型电动机的转子可以串电阻，降低启动电流，提高启动转矩，减少对电网的冲击，故可以增大功率，现在实际已用到 50kW 左右。

不管是笼型还是绕线型电动机，其变极方法基本上是定子绕组采用△-Y 形接线法，其原理如图 5-8 所示。定子绕组有 6 个接线头，即 u_1、v_1、w_1 和 u_2、v_2、w_2。当把三根火线接入 u_2、v_2、w_2 时，就是△形接法，每个相串联两个绕组，这时极数多，为低速；当把火线接入 u_1、v_1、w_1 并把 u_2、v_2、w_2 三点短接，就是 Y 形接法，每个相并联两个绕组，最后都通到中线，这时极数少，为高速。

图 5-8 △-Y 形变极调速原理

（2）塔式起重机常用电动机的系列及型号

① 绕线转子三相异步电动机

a. JDZR-51-4/8 绕线转子异步变极电动机为塔式起重机起升电

动机。该电动机在总体外形上与 JZR2-51-8 型绕线型三相异步电动机基本相同，在环境绝缘等级、铜环材质、电刷以及绝缘材料等方面也与 JZR2 型电动机相同。JDZR-51-4/8 绕线转子异步电动机的特点是具有一个 4 极转子、一个 8 极转子、6 个集电环和一个涡流制动器，因而能实现阶梯式多级调速，提高工效 10%～15%，降低电耗 26%。

b. W-223M 涡流制动绕线转子异步电动机。该电动机为 YZRW 型冶金起重用绕线转子异步电动机与对应规格的涡流制动器，以机械耦合方式组成的塔式起重机起升电动机，除满足起重性能要求外，还因涡流制动器的可调速性，而能适应低速就位的需要。涡流制动器所需直流电通过二极管桥式整流器取得，其电压不超过 110V。广西生产的 QTZ5515 型自升式塔式起重机就是采用这种电动机驱动起升机构，配用电磁换挡的有两挡速度的减速器，其电动机功率为 37kW，2 倍率时起升速度为 100m/min、50m/min、5m/min，起重量为 1.5～3t；4 倍率时，速度为 50m/min、25m/min、2.5m/min，起重量为 3～6t。

c. SYRE180-4 型绕线转子异步电动机。该型电动机是一种三相异步带有制动器的绕线转子异步电动机，另附手动松闸装置，功率为 51.5kW，可取代进口电动机，用于 H3/36B 型塔式起重机上。按 H3/36B 型塔式起重机设计，其起升机构采用两台这种电动机，一台用作原动机（高速电动机），另一台用作制动电动机（低速电动机），在转子回路中加入三相全波整流并串联适当电阻进行调速，可得到五种工作速度。

d. YTSR 系列绕线转子异步电动机为塔式起重机起升电动机。该系列电动机由绕线转子三相异步电动机和断电制动式电磁制动器组成。制动器为盘式分布绕组结构。制动器设有手动释放装置，能在断电情况下解除制动，便于电动机安装调试，或在故障状态放下重物。

② 笼型三相异步变极电动机

a. YTS 系列自制动笼型变极电动机。该类型电动机是极比为 22/4/2 和 16/4/2 的双电枢三速电动机，各速均为独立绕组，转向一致；绕组中坤设有热敏控温元件，电动机尾部附加有断电制动式电磁制动器，并装有独立的冷却风机。

该类型电动机结构紧凑、极比合理、工作效率高、启动转矩大、启动电流小、绕组温升低、控制方便。电磁制动器具有手动释放装置，无电源、安装调试以及遇有故障情况时，均可利用手动释放装置解除制动以便完成工作。该类型电动机主要用作塔式起重机起升电动机，但功率小者也可用作大型塔式起重机小车变幅机构的驱动电动机。

b. YTS系列笼型变极电动机。该类电动机是极比为24/2/4、24/6/4、32/8/4、32/6/4的双电枢三速起升电动机，各速均为独立绕组，转向一致。高速为4极，低速为24极、32极，具有高滑差，便于启动和慢就位。

该类电动机的启动转矩大、启动电流小、绕组温升低，并在绕组中埋设有热敏控温保护元件。根据用户需要，可在电动机尾部装设冷却风机或电磁制动机。

c. YZTD笼型单电枢多速电动机。该类电动机有两种：一种是单电枢双速式，另一种是单电枢三速式。各极均为独立绕组，具有调速比大、启动电流小、启动转矩大、绕组温升低、可靠性高、电控和减速器简单、使用维护方便等特点。这两种笼型多速电动机均不带制动器，尾部装有冷却风机。该类电动机主要用于塔式起重机起升机构。

d. YDEJ系列笼型电磁制动变极多速电动机。该系列电动机是在变极多速电动机的后端与冷却风扇之间加设一个直流电磁制动器而成，具有快速制动和准确安装就位的特点。电磁制动器有多种励磁电压，用作塔式起重机起升和小车变幅机构驱动电动机时，其励磁电压为DC24V，由塔式起重机电控柜整流供给。

e. TSYDE系列笼型带制动器多速电动机。该系列电动机有三组独立绕组，具有高、中、低三挡速度和几种不同输出功率。电动机尾部装有常闭式直流制动器及手动松闸装置。在绕组中埋设有热敏控温元件，两种极比为2/4/16和2/4/24，工效高，工作可靠，可用作额定起重力矩为800～1200kN·m级塔式起重机起升电动机。

f. YZTDE180型电磁制动三速三相异步电动机。为塔式起重机起升电动机。该型电动机为单电枢笼型，尾部附装有电磁制动器。

它具有调速比大、启动电流小、启动转矩大、可靠性高和使用维护方便等特点，并且可频繁地启动、制动及逆转，承受经常性的机械振动及冲击。制动器设有手动释放装置，能在断电情况下解除制动，便于电动机安装、调试或在故障状态下放下重物。

g. YZEJ132M 4 型盘式制动二相异步电动机。该型电动机为封闭式自扇冷三相交流异步笼型起重用电动机。尾部装有直流圆盘式制动器，具有改善启动性能，可保持制动电磁铁与电枢间恒定间隙，并自动跟踪进行调整的功能。该类电动机的优点是：启、制动平缓，结构简单，操作方便，性能安全可靠，既适用于连续工作制（7.5kW），也适用于断续工作制（9.5kW）。该型电动机制动器还装备有手动释放装置，在电源中断时，可通过手动装置放下重物。

h. YZTD200-250C、TYDEF180C 系列笼型多速起升电动机。这两个系列的新型电动机共 8 种型号，11 个规格。其特点是在三速笼型异步电动机内装有测试传感器，是集电动机、制动器、测速传感器、测温传感器于一体的电动机。可在电动机实际运转中，将换挡、变极、调速、信号同步反馈到电气控制系统中，实现平滑过渡换挡变速过程，从而极大地改善了多速电动机的调速性能，是我国塔式起重机技术上的一项重大突破。

③ 笼型三相异步多速小车变幅电动机

a. TYDEJ112 4/2 型笼型多速电动机。该型电动机是 360B、F0/23B 及 H3/36：B 三种引进型塔式起重机通用的小车变幅机构专用电动机，尾部装有圆盘制动器，有 2～3 种速度。

b. YLEW112M-4 型涡流调速力矩电动机。这种电动机均是笼型三相异步 4 极特种电动机，其前部装有涡流调速器，尾部装有一个直流制动器，集调速与制动于一体，功效高，有较大的过载能力，是塔式起重机小车变幅、回转及大车行走通用电动机。

c. YTLEJ 系列力矩三相异步电动机。该类电动机由力矩电动机、涡流制动器、电磁制动器及冷却风机组成，主要用作塔式起重机小车变幅及回转机构驱动电动机。该类电动机在其转速范围内可任意设定无级或有级调速，具有恒张力、恒线速、启动变速平缓和快速制动、准确定位等特点。由于装设在卷筒外面，因此散热性能好，检修方便。

d. YTC 笼型电磁制动小车变幅三相异步电动机。该型电动机为双电枢三速电动机，中、高速共用一个电枢，但为独立绕组，绕组中埋有热敏控温元件，并装有自动断电式电磁制动器和手动释放装置。在电动机中部还装有法兰，是专为轻型塔式起重机配套的小车变幅电动机。

④ 笼型三相异步塔式起重机回转电动机

a. YLEZ112M-4 调压调速力矩电动机。该型电动机是吸收国外同类先进产品优点而开发的塔式起重机回转专用电动机，具有塔式起重机臂长、起重能力大等特点，选用一台或多台电动机驱动回转机构。该电动机为 4 级调速有制动器的电动机，可通过调整电压对转速进行调节，保证启、制动平稳运行。

b. THY132M-4、THY112M-4、THY132S-4 型回转、小车通用电动机。这三种电动机均是由引进技术开发的塔式起重机配套电动机，属单速 4 级电动机，装有电磁联轴器，通过改变联轴器励磁电流、电磁耦合作用，可得到不同转速。利用测速发电动机对臂架回转速度进行控制，可使臂架免受风力作用而反转和剧烈振动，保证塔式起重机正常工作。

这三种电动机功率分别为 5.5kW、4kW 和 9kW。前两种为 F0/23B 配套回转电动机，后者为 H3/36B 配套回转电动机。

c. YTH 系列笼型三相异步回转电动机。该类电动机装有电磁联轴器，其构造性能与 THY 系列回转电动机相同，只是因生产厂家不同而有不同命名。

5.3 控制电器

5.3.1 手动控制电器

塔式起重机各个工作机构的启动、制动、换向以及变速都要在驾驶室内通过驾驶员人力操纵控制器上的手柄来完成。塔式起重机上常用的手动控制电器有万能转换开关、凸轮控制器、主令控制器和联动控制台。

（1）万能转换开关

万能转换开关主要用于交流 380V、50Hz 及以下电路和直流

220V 及以下电路，还用于电气控制线路和电气测量仪表电路的转换，以及 5.5kW 以下异步电动机直接启动、转向和多速电动机的控制。其允许操作频率不大于 120 次/h，机械寿命达 106 次。工程上常用的万能转换开关有 LW5、LW8 和 LW12 等系列，其结构组成分为操作机构、定位、限位系统、接触系统、面板及手柄几部分，外形如图 5-9 所示。

图 5-9　万能转换开关外形

　　万能转换开关体积小，便于布置在操作盘上，目前常用于轻型塔式起重机中传动系统、起升机构和变幅机构电动机的控制。

（2）凸轮控制器

　　凸轮控制器是用于频繁地按顺序转换主电路或控制电路接线的开关电器。其结构与万能转换开关相类似，也是由手柄、凸轮鼓、触头系统、棘轮系统以及防护壳体组成。当手柄处于不同挡位时，触头具有不同的接通方式，电路相应具备不同的功能。

　　塔式起重机上主要用凸轮控制器来控制绕线转子电动机的转子串电阻调速，是介于电动机与电阻器之间的一个关键性开关，用于接入或切出电阻器的电阻，使电动机获得所需要的机械特性；也用于控制电动机的正反转，以实现如起升和下放等特定工作要求。

　　塔式起重机上常用的凸轮控制器有 KT10、KT14 和 KTJ15 等系列，操作频率 600 次/h，可控电动机功率 2×16 kW，额定电压为交流 380V 及以下，额定电流分为 25A 和 60A 两个等级。

　　凸轮控制器的线路简单、维护方便，具有可逆对称线路。用于控制绕线转子异步电动机时，转子可串接不对称电阻，以减少转子触头数量。但是用于控制起升机构电动机时，在下降时不能达到稳定低速，只能靠点动操纵来实现准确停车。

(3) 主令控制器

令控制器又称磁力控制器或远距控制器，其本身同电动机并没有直接联系，而是通过操纵磁力控制盘（装有一整套接触器、继电器、熔断器及其他控制保护电器的交流磁力控制盘）的控制回路以实现对电动机的启动、制动、换向和变速的控制。

主令控制器适用于大容量电动机的控制，每小时通断次数可以达到或超过 600 次。凸轮型主令控制器因其接触部分的构造仿照凸轮控制器接触部分的设计而得名，在塔式起重机上应用较广，其特点是体积较小、使用方便和作用可靠。

(4) 联动控制台

联动控制台也称起重机控制台，是新一代起重机上的控制装置，我国 20 世纪 80 年代生产的塔式起重机开始逐渐采用这种控制装置。目前，国产塔式起重机采用的联动控制台有多种型号，其中应用较广的有 QTF、QT12、QT4 等。QTF 是用于 F0/23B、H3/36B等引进机型的控制台，设置有自动复位及零位自锁机构。便携式联动控制台适用于快装塔式起重机；而驾驶室联动控制台则专供在驾驶室内使用，大、中型塔式起重机均适用。

图 5-10 所示为 F0/23B 塔式起重机驾驶座椅两侧联动控制台及配套辅助控制开关示意图。联动控制台在塔式起重机驾驶室内分设于驾驶座椅左、右两侧，以利于塔式起重机驾驶员分别用左、右手进行操纵。

联动控制台由左、右两部分组成，每一部分又包括联动操纵杆总成、主令开关总成和传动座总成。操纵杆总成由球状按钮手柄、球柄杆、软轴、球铰头和防尘套组成。传动座总成包括过桥扇形齿块和球铰座扇形齿块。通过巧妙安排机构细部的构造设计，使每一个联动操纵杆不仅能单独控制一个工作机构电动机的启动、制动、转向和变速，而且能同时控制两个工作机构电动机的运作。通常右联动操纵杆负责控制起升机构和大车行走机构，而左联动操纵杆则负责控制变幅机构（动臂俯仰变幅机构或水平臂小车变幅机构）和回转机构。

推动右联动操纵杆向前或向后拉回操纵杆，便可分别使吊钩上升或下降；握住右联动操纵杆向两侧摆动，则可分别使大车前进或

图 5-10 F0/23B 塔式起重机驾驶座椅两侧联动控制台
及配套辅助控制开关示意图

1—喇叭按钮；2—断电开关；3—暂示灯；4—分流电路开关；5—回转制动

后退。推动左联动操纵杆向前或向后拉回操纵杆，则可使变幅小车
向前行或向后退（动臂向上仰起或由上向下俯落）；握住左联动操
纵杆手柄向两侧移动，则可使臂架向左或向右转动。随着联动操纵
杆移动量的增大或减小，相应工作机构电动机的转速也相应地加快
或减慢。左、右联动操纵杆的控制手柄上一般都附装一个紧急安全
按钮，压下该按钮，便可通过软轴使紧急断电触头起作用，从而将
电源切断。左联动操纵杆的控制手柄还附装一个回转制动器控制按
钮，通过转动该按钮可对回转机构制动器闸瓦的抱紧程度进行
调整。

便携式联动控制台如图 5-11 所示，将联动操纵主令控制器、
按钮和开关等设备移装在一个可用皮带悬挂在胸前的、便于随身携
带的控制盒上，便成为快装塔式起重机和自升式塔式起重机安装阶
段所不可缺少的操纵设备。

⑥–7–8警示灯点亮　信号灯10–11–12–⑨
③–4–5重新启动按钮
①–2减速制动按钮
断电,停运
接电,启动
14–⑬
主盒控制器
15
开关盒

(a) 国产QTB10型便携式
　　联动控制台

(b) F0/23B塔式起重机
　　便携式遥控控制台

图 5-11　便携式联动控制台

5.3.2　接触器

接触器是利用自身线圈流过电流产生磁场,使触头闭合,以达到控制负载的电器。接触器是电力拖动和控制系统中应用最为广泛的一种电器,它可以频繁操作、远距离闭合、断开主电路和大容量控制电路。接触器除了频繁控制电动机外,还用于控制电容器、照明线路和电阻炉等电气设备。接触器可分为交流接触器和直流接触器两大类。

接触器主要由电磁系统(铁芯和线圈)、触头系统(动静触头)和灭弧装置等几部分组成。线圈和铁芯固定不动,线圈通电时,产生磁力,将动铁芯(衔铁)吸合,动、静触头吸合,使负载接通电源,电动机运转。断电时靠弹簧的作用使动、静触头分开,电动机停止运转。交流接触器的交流线圈的额定电压有 380V、220V 等,图 5-12 所示为几种常见的接触器。

图 5-12　几种常见的接触器

5.3.3 继电器

继电器是一种自动控制电器，在一定的输入参数下，它受输入端的影响而使输出参数有跳跃式的变化。常用的有中间继电器、热继电器和时间继电器等。图 5-13 所示为几种常见的继电器。

图 5-13 几种常见的继电器

(1) 中间继电器

中间继电器通常用来传递信号和同时控制多个电路，也可直接用它来控制小容量电动机或其他电气执行元件。中间继电器的结构和交流接触器基本相同，只是电磁系统小些，触头多些。

(2) 热继电器

热继电器是用来保护电动机免受长期过载的危害。热继电器是利用电流的热效应而动作的，它的原理如图 5-14 所示。热元件 1 是一段电阻不大的电阻丝，接在电动机的主电路中。双金属片 2 由两种具有不同线胀系数的金属压制而成，下层的金属线胀系数大，而上层的小。当主电路中电流超过允许值而使双金属片发热时，它便向上弯曲，因而脱扣，

图 5-14 热继电器的原理图
1—热元件；2—双金属片；
3—常闭触头；4—复位按钮；
5—扣板；6—弹簧

扣板 5 在弹簧 6 的拉力下将常闭触头 3 断开。常闭触头 3 是接在电动机的控制电路中，控制电路断开而使接触器的线圈断电，从而断开电动机的主电路。

由于热惯性，热继电器不能作短路保护。因为发生短路事故时，要求电路立即断开，而热继电器是不能立即动作的。但是这个

热惯性也是合乎要求的，在电动机启动或短期过载时，热继电器不会动作，这可避免电动机的不必要的停车。如果要热继电器复位，则按下复位按钮即可。

（3）时间继电器

时间继电器可以进行延时控制。例如电动机的 Y-△换接启动，先是 Y 形连接，经过一定时间待转速上升到接近额定值时换成△形连接，这就得用时间继电器来控制。

在交流电路中常采用空气式时间继电器，它是利用空气阻尼作用而达到动作延时的目的。如图 5-15 所示，吸引线圈 1 通电后就将动铁芯 2 吸下，使动铁芯 2 与活塞杆 3 之间有一段距离。在释放弹簧 4 的作用下，活塞杆就向下移动。在伞形活塞 5 的表面固定有一层橡胶膜 6，当活塞向下移动时，在橡胶膜上面造成空气稀薄的空间，活塞受到下面空气的压力，不能迅速下移。当空气由进气孔 8 进入时，活塞才逐渐下移。移动到最后位置时，杠杆 11 使微动开关 10 动作。延时时间即为自电磁铁吸引线圈通电时刻起到微动开关动作时为止的这段时间。通过调节螺钉 9，调节进气孔的大小就可调节延时时间。吸引线圈断电后，依靠恢复弹簧 12 的作用而

图 5-15　通电延时的空气式时间继电器

1—吸引线圈；2—动铁芯；3—活塞杆；4—释放弹簧；5—伞形活塞；
6—橡胶膜；7—出气孔；8—进气孔；9—调节螺钉；10—微动开关；
11—杠杆；12—恢复弹簧；13—微动开关

复原。空气经由出气孔 7 被迅速排出。

图 5-15 所示时间继电器是通电延时。有两个延时触头：一个是延时断开的常闭触头，一个是延时闭合的常开触头。此外，还有两个瞬时触头，即通电后微动开关 13 瞬时动作。

时间继电器也可制成断电延时，实际上只要把铁芯倒装一下就行。断电延时的时间继电器也有两个延时触头：一个是延时闭合的常闭触头，一个是延时断开的常开触头。

空气式时间继电器的延时范围大（有 0.4～60s 和 0.4～180s 两种），结构简单，但准确度较低。除空气式时间继电器外，在继电接触器控制线路中也常用晶体管时间继电器。

5.3.4 限位开关

限位开关在控制电器中通称行程开关，是一种将机械信号转换为电信号来控制运动部件行程的开关元件。它不用人工操作，而是利用机械设备某些部件的碰撞来完成的。用于交流 380V 及以下、频率为 50Hz 或 60Hz、直流 220V 或 110V 以下的电路中，控制机械设备运动部件的行程、工作程序和安全限位。图 5-16 为几种常见的限位开关。

图 5-16　几种常见的限位开关

在塔式起重机电气系统中，限位开关是不可缺少的控制电器，其功能是切断外接电源，停止电动机运行，防止安全事故发生。在塔式起重机电气系统中采用的限位开关可分为两大类：一类是直动式限位开关，另一类是传动式限位开关。力矩限制器上装用的大多是直动防护式自动复位行程开关和柱塞直动式行程开关。小车变幅水平臂自升式塔式起重机起升机构用吊钩高度限位器，小车牵引机构用的小车行程限位器以及回转机构用的回转限位（转数限制）器都必须采用传动式限位开关。通过对该类限位开关内部传动系统的调整，使之在预定条件下实现断电作用。

传动式限位开关的体形比较大，构造较复杂，在盒式壳体内装有传动装置（蜗杆传动或齿轮副传动）及凸轮机构。这种限位开关外端装有小齿轮，在工作机构传动系统带动下，小齿轮转动并驱使限位开关壳体内的传动机构动作进而带动凸轮机构，通过凸轮作用切断电动机的电源。

F0/23B 型塔式起重机回转限位器构造如图 5-17 所示。小齿轮 6 与回转支承大齿圈啮合，可随着回转过程记录回转圈数。小齿轮 6 的转动带动限位开关壳体内设传动系统转动，从而驱使凸轮机构 4 运转，并令接触器 5 工作，切断电动机的电源，停止塔式起重机回转。这种回转限位装置应在塔式起重机不带负荷情况下进行试调。

（a）回转机构及回转限位器的装设　　　（b）回转限位器的构造

图 5-17　F0/23B 塔式起重机回转限位器的装设及构造

1—限位开关内传动系统的轴身（小齿轮通过销钉，7—固定在此轴身上）；
2—限位开关上箱盖；3—传动系统齿轮；4—凸轮机构；5—接触器；
6—小齿轮；7—销钉

5.3.5　短路保护装置

一般熔断器和自动空气开关或断路器就是短路保护装置。

熔断器中的熔片或熔丝用电阻率较高的易熔合金制成，线路在正常工作情况下，熔断器不应熔断。当发生短路或严重过载时，熔断器应立即熔断。为了不使故障范围扩大，熔断器应逐级安装，使之只切断电路里的故障部分。

熔断器应设置在开关的负载侧，以保证更换熔断丝时，只要拉开开关，就可在不带电的情况下操作。常用的熔断器有 RC 型（插入型）、RI 型（螺旋型）、RTO 型（管式）和 RS 型（快速式），如图 5-18 所示。

(a) 管式熔断器

(b) 插式熔断器　　(c) 螺旋式熔断器

图5-18　熔断器

自动断路器或空气开关，属开关电器，适用于当电路中发生过载、短路和欠压等不正常情况时，能自动分断电路的电器，也可用于不需要频繁地启动电动机或接通、分断电路的电器中。

对于自动化程度较高的电动机和高压电动机，一般采用继电器保护。

5.3.6　漏电保护器

漏电保护器，又称剩余电流动作保护器，主要用于保护人身因漏电发生电击伤亡、防止因电气设备或线路漏电引起电气火灾事故。

用于防止人为触电的漏电保护器，其动作电流不得大于 30mA，动作时间不得大于 0.1s。用于潮湿场所的电器设备，应选用动作电流不大于 15mA 的漏电保护器。

漏电保护器按结构和功能分为漏电开关、漏电断路器、漏电继电器、漏电保护插头、插座。漏电保护器按极数还可分为单极、二极、三极、四极等多种。

5.3.7　电控柜

塔式起重机电气系统中的各种控制电器，如各种交、直流接触器、继电器、断路器、整流器、变压器等全部放在电控柜内。电控柜与联动操纵台连接均是多芯电缆接插件连接。

对电柜的基本要求是：密封性好、不漏水、不易进尘土，有良好的通风散热装置，器件固定位置准确，螺栓紧固和检修方便。

电控柜两侧有防雨通风口，柜内设有抽风机冷却降温，使柜内温度不超过 40℃。电控柜内设有干燥驱潮发热电阻盒，能在塔式起重机休息间隙自动接通电源，驱除柜内潮湿气雾。

电控柜下部采用大功率蜂鸣发声器，报警声传播可靠，使联动控制合语音提示报警系统能及时由联动控制台播出，提示驾驶员正确操作，注意安全。

电控柜安全保障设施齐全，过电压、欠电压、断路器跳断、熔断器烧断均有声光显示，整流器击穿或开路均会停止工作，并有语音提示。

我国塔式起重机上装用的电控柜有些是生产厂家自制的，有些则是由专业工厂提供的。

第6章
塔式起重机的安全装置

安全装置是塔式起重机的重要装置，其作用是避免错误操作或违章操作所导致的严重后果，使塔式起重机在允许荷载和工作空间中安全运行，保证设备和人身安全。安全装置包括：限位装置、防止超载装置、止挡联锁装置和报警及显示记录装置。

6.1 限位装置

限位装置又称限位器，按其功能又分为以下几种。

起升高度限位器（又称吊钩高度限位器）。用于防止吊钩行程超越极限而出现碰坏起重机臂架结构和出现钢丝绳乱绳现象。高层建筑施工用塔式起重机（附着式塔式起重机和内爬式塔式起重机）的起升高度限位器又可分为吊钩起升限位器（高度限位）和吊钩下降限位器（深度限位）。

回转限位器用以限制塔式起重机的回转角度，防止扭断或损坏电缆。凡是不装设中央集电环的塔式起重机，均应配回转限位器。

小车变幅幅度限位器（又称小车行程限位器）用于使小车在到达臂架头部或臂架根端之前停车，防止小车越位事故的发生。

动臂变幅幅度限位器用于防止俯仰变幅臂架在变幅过程中，由于错误操作而使臂架向上仰起过度，导致整个臂架向后翻倒事故。

大车行程限位器用于限制大车行走范围，防止由于大车越位行走而造成的出轨倒塔事故。

6.1.1 起升高度限位器

(1) 俯仰变幅动臂用的吊钩高度限位器

俯仰变幅动臂的吊钩高度限位器一般由碰杆、杠杆、弹簧及行程开关（终点开关）等组成，多固定于起重臂端头或悬吊于臂头。

图 6-1 所示为 QT16 塔式起重机用的吊钩高度限位器。当吊钩滑轮起升到极限位置，滑轮夹套托住重锤和拉杆，由于弹簧销轴压迫行程开关的触头，起升机构的电源被切断。

图 6-1　QT16 塔式起重机吊钩高度限位简图

1—底座；2—行程开关；3—弹簧；4—轴；5—销；6—曲臂拉杆；7—重锤

图 6-2 所示为 KB-100.1 型塔式起重机的吊钩高度限位器。图中重锤 3 通过钩环 7 和限位器钢丝绳 2 与终点开关 1 的杠杆相接。在重锤处于正常位置时，终点开关触头闭合。如吊钩上升，托住重锤并继续略微上升以解脱重锤的重力作用，则终点开关 1 的杠杆便在弹簧作用下转动一个角度，使起升机构的控制回路触头断开，从而停止吊钩上升。

图 6-3 所示为一种由吊钩滑轮组上的托板 1、碰钩 2 及终点开关 3 组成的吊钩高度限位器。当吊钩上升到极限位置时，固定于吊钩滑轮上的托板 1 便触及碰钩 2，促使碰钩转动一个角度，碰钩的另一头便压下终点开关的推杆，使终点开关的触头断开，从而切断起升机构电源，停止吊钩继续上升。

(2) 小车变幅水平臂架自升式塔式起重机吊钩行程、限位器

水平臂架自升式塔式起重机起升重物时，钢丝绳在卷筒上的卷

图 6-2　KB-100.1型塔式起重机吊钩高度限位器的构造简图

1—终点开关；2—限位器钢丝绳；3—重锤；4—吊钩滑轮；

5—起重钢丝绳；6—导向夹圈；7—钩环

图 6-3　安装于臂架头部的吊钩高度限位器

1—托板；2—碰钩；3—终点开关；4—臂头

绕长度（卷绕匝数）随吊钩高度变化而变化。因此，水平臂架自升式塔式起重机吊钩高度限位器的设计，必须以一定长度钢丝绳在起升卷筒上的卷绕匝数为依据，将限位开关布设在卷筒近旁，并以卷筒部件带动传动系统，驱使限位开关及时动作。

图6-4所示的吊钩高度限位器的工作过程如下：起升重物时，卷筒转动，卷筒法兰盘端板上的销轴迫使星形轮4随之转动。星形轮进一步带动螺杆转动，螺杆上套装着的螺母8便顺着螺杆7向终点开关9所在处移动。当吊钩起升到极限位置时，螺母便压住终点开关的推杆，把终点开关的触头断开，使起升机构断电停车，吊钩停止上升。吊钩下降限位器也就是吊钩最低限位器也可按同样原理设计。

图 6-4　装设于卷筒近处的吊钩高度限位器

1—卷筒；2—机架；3—定位器；4—星形轮；5—销轴；6—轴承；

7—螺杆；8—螺母；9—终点开关

所有采用小车变幅水平臂架的自升式塔式起重机，在每次转移工地安装完毕投入施工之前，以及每次顶升接高之后，都应根据实际情况和具体施工要求，对吊钩行程限位开关进行适当调整，以满足施工要求。

调试时，应先调整限制吊钩起升高度的限位开关，再调试吊钩下降的限位开关。令吊钩以2倍率起升，并在吊钩滑轮上升到距离变幅小车约1m处停止，打开传动式限位开关的上盖，调整凸轮的位置，打开触头，从而使起升机构电源断开，吊钩即停止上升。如吊钩落地，起升机构卷筒继续松绳，必会造成乱绳事故。吊钩下降限位开关的用途在于防止由于操作失误而导致钢丝绳松弛的乱绳事故。吊钩下降限位开关的调试方法与调试吊钩起升高度限位开关的方法相同。

6.1.2 回转限位器

不设中央集电环的塔式起重机，必须设置回转限位器以保证塔式起重机回转圈数不超过极限范围，防止电缆被扭断而造成安全事故。

图6-5（a）所示为回转限位器，终点开关的轴通过其内部传动装置及小齿轮2与回转支承的大齿圈3相啮合，终点开关安装在转台4附设的支架上。塔式起重机转动，使得终点开关内的轴也随之转动；当此轴转动到一定位置时，就会使开关里的触头脱开，从而切断回转机构的电源，使塔式起重机停转。通过改变终点开关内凸轮垫片位置，即可对此回转限位开关进行调整。

图6-5（b）所示为采用带回转装置的终点开关的回转限位器。终点开关5通过支架6固定于转台上，支架结构由齿条9、两个定位器10和铰装于底架上的拨叉架11组成。当塔式起重机右回转时，终点开关碰杆7的碰杆头8滚过拨叉架11的斜面，终点开关的碰杆7便进行滑动而断开终点开关的触头。当塔式起重机向左回转时，终点开关的碰杆碰头沿着齿条翼缘的下部滑动。当塔式起重机回转360°时，限位开关的碰杆头便进入拨叉架11。当塔式起重机继续向左转时，拨叉架就转动至第二个定位器的止挡处；如塔式

(a) KB-100.1型塔式起重机回转限位器　　(b) KB-100.1型塔式起重机回转限位器

图6-5　两种回转限位器的构造

1—终点开关；2—小齿轮；3—大齿轮；4—转台；5—终点开关；6—支架；
7—限位器碰杆；8—碰杆头；9—齿条；10—定位器；11—拨叉架

起重机进一步向左转，碰头就在拨叉架表面滚动以致断开终点开关的触头。此种回转限位器可保证塔式起重机由原出发位置回转 2 圈。通过定位器（定位螺钉）10 调整拨叉架 11 的位置，可对回转限位器进行适当调整。

自升系列塔式起重机的回转限位器，采用吊钩行程限位器中所采用的传动式限位开关。

调试回转限位器时，吊钩必须空载。在调试之前，先让塔式起重机向右转或向左转，并用手按下触头，以判明控制右向转动和左向转动的断电器的确切序号。正式进行调试时，先调右向回转限位器，然后调整左向回转限位器。开始试调时，先令臂架转动到极限位置，即保证电缆不发生扭转。

6.1.3　小车行程限位器

小车行程限位器设置在小车变幅式起重臂的头部和根部，包括终点开关和缓冲器（常用的有橡胶和弹簧两种），用来切断小车牵引机构的电路，防止小车越位而造成安全事故，如图 6-6 所示。

图 6-6　小车行程限位器示意图

1—起重小车止挡块；2—限位器；3—缓冲器

如图 6-7（a）所示，自升式塔式起重机的小车行程限位器设置在小车变幅机构钢丝绳卷筒一侧，利用卷筒轴带动传动式限位开关进行操作。

如图 6-7（b）所示，自升式塔式起重机小车行程限位器所用的传动式限位开关，与该塔式起重机起升高度限位器和回转限位器所用的传动式限位开关相同，由传动系统、凸轮机构和断电触头组成。传动式限位开关输入轴上装有小齿轮，小车变幅机构卷筒轴一端装有齿圈，通过齿圈带动限位开关的小齿轮，从而驱动限位开关内部的传动系统，使凸轮在钢丝绳卷筒正、反转数达到一定极限（变幅小车前进或后退行程达到极限）时，均压迫相应触头，切断小车变幅机构的电源，小车停止运行。

(a) 安装位置示意图　　　　　　　　(b) 构造简图

图 6-7　自升式塔式起重机小车行程限位器的安装位置及构造示意图

1—凸轮组；2—断电器；3～6—凸轮；7～10—断电触头

6.1.4　幅度限位器

幅度限位器用来限制起重臂在俯仰时不得超过极限位置（一般情况下，起重臂与水平夹角最大为70°，最小为10°）的装置。当起重臂在俯仰角度达到一定极限值时发出警报，当达到限定位置时，则自动切断电源。如图6-8所示的幅度限位器由一个半圆形活动转盘7、拨杆1、限位器4和5等组成。拨杆1随起重臂转动，电刷3根据不同的角度分别接通指示灯触点，把起重臂的不同倾角通过灯光信号传送到操纵室的指示盘上。当起重臂变幅到两个极限位置时，则分别撞开两个限位器4和5，随之切断电源，起重臂停止运行。

图 6-8　幅度限位器

1—拨杆；2—刷托；3—电刷；
4，5—限位器；6—托块；
7—半圆形活动转盘

6.1.5　大车行程限位器

大车行程限位器包括设置在轨道两端尽头的止动缓冲装置、止动钢轨以及装在起重机行走台车上的终点开关，用来防止起重机脱轨。

图 6-9 所示的是塔式起重机普遍采用的一种大车行程限位装置。当起重机按图示箭头方向行进时，终点开关的杠杆即被止动断电装置（如斜坡止动钢轨）转动，电路中的触点断开，行走机构则停止运行。

图 6-9　大车行程限位装置
1—终点开关；2—止动断电装置

自升式塔式起重机大车行走机构的行程限位器由一个限位开关和一个越位行程开关组成，如图 6-10 所示。

(a) 安装位置

(b) 构造　　　　(c) 滚轮摇臂摆动角度

图 6-10　自升式塔式起重机大车行程限位器安装位置及构造图
1—滚轮；2—摇臂；3—限位开关箱体；4—限位开关；
5～8—坡道碰杆；9—越位行程开关；10—端部缓冲止挡装置

大车行程限位开关由限位开关箱体 3、摇臂 2 及滚轮 1 组成。当塔式起重机驶近轨道端头时，滚轮触及坡道碰杆 7、6 使限位开关 4 起作用。若限位开关 4 出现故障不能切断大车电源停止大车继续行进时，越位行程开关 9 便会在其滚轮接触到坡道碰杆 8、5 时切断大车电源。

6.2 防止超载装置

6.2.1 起重力矩限制器

起重力矩限制器，是当起重机在某一工作幅度下起吊荷载接近该幅度下的额定起重量时，发出警报进而切断电源的一种装置，主要有机械式和电动式两类。起重力矩限制器用来限制起重机在起吊重物时所产生的最大力矩不超越该塔式起重机所允许的最大起重力矩。由于塔式起重机的额定起重量随作业半径（工作幅度）的增大而减小，因此，起重力矩限制器必须以作业半径和荷载两个方面（力矩）进行检查。根据塔式起重机构造和形式（动臂式或小车式）不同，起重力矩限制器可装在塔帽、起重机根部和端部等位置。

（1）动臂式塔式起重机起重力矩限制器

动臂式塔式起重机起重力矩限制器分机械式和电动式两种。

机械式如图 6-11（a）所示，是通过钢丝绳的拉力、滑轮、控制杆及弹簧组合检测荷载，又通过与臂架俯仰相连的"凸轮"转动检测幅度，由此再使限位开关工作。

电动式如图 6-11（b）所示，是在起重臂根部附近安装"测力

(a)机械式   (b)电动式

图 6-11　动臂式塔式起重力矩限制器工作原理示意图

1—起重钢丝绳；2—控制杆；3—限位开关；4—凸轮；5—压簧；
6—与臂架根部连接件；7—负载检测器；8—中继箱；9—仪表；
10—臂架；11—旋转半径检测器；α—臂架可动范围

传感器"以代替弹簧、安装电位式或摆动式幅度检测器以代替凸轮，进而通过设在操纵室里的力矩限制器合成这两种信号，在过载时切断电源。电动式力矩限制器优点是可在操纵室里的刻度盘（或数码管）上直接显示出起重量和工作幅度，并可事先把不同臂长时的几条起重性能曲线编入机构内，因此使用较多。

图 6-12 为 QT16 塔式起重机用的力矩限制器的构造简图。是一种偏心式力矩限制器，这种限制器装设于塔帽处，能较真实地反映动臂幅度变化，由钢丝绳滑轮、偏心轴、杠杆、螺杆、弹簧和限位开关等组成。偏心轴及滑轮均装有球轴承，摩擦阻力很小。起升钢丝绳绕过滑轮所形成的合力作用，通过滑轮而作用于偏心轴上。当臂架处于某一幅度，吊载超过额定起重量时，由于合力的作用，使得整个滑轮系统偏心轴转动，带动杠杆压迫限位开关而切断电源。这种力矩限制器在塔式起重机转场重新安装投入使用以前，要进行检查校核，可通过调节螺母进行调整。

图 6-12　QT16 塔式起重机用力矩限制器构造简图
1—钢丝绳滑轮；2—调节螺母；3—滑轮支座；4—弹簧；5—螺杆
6—限位开关；7—杠杆；8—偏心轴

(2) 水平臂架变幅小车塔式起重机起重力矩限制器

水平臂架变幅小车自升式塔式起重机的力矩限制器，大多装设于塔帽结构主弦杆处，是一种近年应用较为普遍的机械式力矩限制器。由调节螺母、螺钉、限位开关及变形作用放大杆等组成，如图6-13所示。这种力矩限制器的工作原理如下：塔式起重机负载时，塔帽结构主弦杆便会因负载而产生变形。当荷载超过额定值时，主弦杆就产生显著变形，该变形通过放大杆的作用使螺钉压迫限位开关，从而切断起升机构的电源。

(b) 荷载较小时

(c) 超载时

(a) 构造

图 6-13 F0/23B 型塔式起重机力矩限制器的构造及工作原理图

F0/23B 塔式起重机的力矩限制器共装有四个限位开关："起升"断电力矩限制器，用以切断起升机构的电源；"红色警灯"显示力矩限制器；"小车向外"力矩限制器和"减速小车向外"力矩限制器。用以断开小车行走机构的电源，防止由于幅度增大造成的超载事故。F0/23B 塔式起重机力矩限制器的调试方式如图 6-14 所示。

① "起升"断电力矩限制器的调试　以给定幅度起吊荷载，当吊载过大而超过额定起重力矩时，吊载应不能起升。调试时，可使小车驶至臂头，先用两绳以标准速度起升额定荷载 X，吊钩应能升起并正常工作，如图 6-14（b）中的①所示。然后，落下额定荷载，增大吊重，使试验荷载为 $Y = X + 10\% X = 1.1X$，两绳再以最慢速度起升时，电源应立即切断，否则应调整限位开关 A，使起升电源断开，如图 6-14（b）中的③所示。

② "红色警灯"显示力矩限制器的调试　以常规速度用两绳起

吊试验荷载 $Z = X - 10\%X = 0.9X$，即调试时的起重力矩相当于额定起重力矩的 90%，红色警灯应亮起来，否则，应调整限位开关 B，如图 6-14（b）的③所示。

③ "小车向外"断电力矩限制器的调试　调试前，先在地面上标出对应最大额定起重量的幅度 L，然后，量出相当 $L' = L + 10\%L$ 的距离，并做标记。起吊最大额定起重量 W 微离地面，开动小车驶向 L 点的上方，调整限位开关 C，使小车能带载通过 L 点。过点后，小车往后行驶退回臂根，然后以常规速度起吊最大额定荷载，向 L 点驶去并越过 L 点而驶向 L' 点，在小车到达 L' 点以前，电源切断，小车停止。否则，应重新调定限位开关 C，如图 6-14（b）的③所示。

④ "小车减速向外"力矩限制器的调整　在臂架中部选定适当一点 D，并在地面上的对应点做出标记 D。起吊试验荷载 X（额定

(a) 构造　　　　　　　　(b) 调试方法

图 6-14　F0/23B 塔式起重机力矩限制器的构造及调试方法

1—调节螺母；2—螺钉；3—触头压键；

A，C，D—力矩限制器位开关；B—红色暂灯显示限位开关

起重量），使小车以常速由臂中向前驶向 D 点，调整限位开关 D，在小车到达 D 点时，小车牵引机构的电源立即断开，如图 6-14（b）的④所示。

⑤ 限位开关调整　如图 6-14 所示，调整限位开关 A、C 及 D 时，应精心操作。夹住调节螺母 1，旋动螺钉 2，使之与限位开关触头压键 3 相接，注意勿使正常运行中断。调整红色警灯限位开关 B 时，夹住调节螺母 1，旋动螺钉 2，使之与限位开关触头压键 3 相接，驾驶员室内红色警灯应立即点亮。

所有安全装置调整完毕后，严禁擅自触动，并应加封（如火漆加封），避免由于违反禁令擅自调节而造成灾难性后果。

6.2.2　起重量限制器

起重量限制器是用来限制起重钢丝绳单根拉力的一种安全保护装置。根据构造不同可装在起重臂根部、头部、塔顶以及浮动的起重卷扬机机架附近等多个位置。

图 6-15 所示为安装在 QT25 A 型整体拖运式起重机塔身顶部的起重量限制器。起重钢丝绳 1 绕过起重量限制器的滑轮 2，并通过杠杆 3 的作用压缩弹簧 4。当起重钢丝绳的荷载达到所允许的极限值时，杠杆的右端便克服弹簧的张力而上移，进而压缩行程开关 5 的触头，使得起升机构电源被切断。

图 6-15　起重量限制器
1—起重钢丝绳；2—滑轮；
3—杠杆；4—弹簧；
5—行程开关

如图 6-15 所示，调整该起重量限制器，使试验荷载为额定起重量的 105%，起升试验吊载离地 300～500mm，调整弹簧，直至限位开关切断电源为止。如要进一步准确限定超载量（限制不超过一个很小的数额），可通过微微转动调节螺母进行精调。

水平臂架变幅小车自升式塔式起重机起重量限制器为测力环式起重量限制器。其特点是体积紧凑、性能良好和便于调整。图 6-16 所示为这种起重量限制器构造示意图。整个装置由导向滑轮、测力环及限位开关等组成。测力环一端固定在支座上，另一端固定在滑轮轴上。滑轮受到钢丝绳合力作用时，合力通过轮轴 1 传给测力环，根据起升荷载的大小，滑轮传来的力的大小也不同。当荷载超过额定起重量时，测力环将产生变形。

(a) 外形示意图　(b) 无载或负荷小时测　(c) 负荷大或超载时测
　　　　　　　力环壳体变形甚微　　力环壳体显著变形，
　　　　　　　　　　　　　　　测力环内金属片延
　　　　　　　　　　　　　　　伸压触头切断电源

图 6-16　水平臂架变幅小车自升式塔式起重机起重量限制器

如图 6-16（c）所示，测力环内的金属片与测力环壳体固定连接，并随壳体受力变形而延伸。此时，金属片起着凸轮作用，压迫触头切断起升机构的电源。

QTZ63 水平臂架变幅小车自升式塔式起重机起重量限制器调试方式如图 6-17 所示。

图 6-17　QTZ63 水平臂架变幅小车自升式塔式起重机
起重量限制器调试示意图
1～4—螺钉调整装置；5～8—微动开关

① 检查微动开关 当起重吊钩为空载时，用小螺丝刀，分别压下微动开关 5、6、7，确认各挡微动开关是否灵敏可靠。

a. 微动开关 5 为高速挡重量限制开关，压下该开关，高速挡上升与下降的工作电源均被切断，且联动台上指示灯闪亮显示。

b. 微动开关 6 为 90% 最大额定起重量限制开关，压下该开关，联动台上蜂鸣报警。

c. 微动开关 7 为最大额定起重量限制开关，压下该开关，低速挡上升的工作电源被切断，起重吊钩只可以低速下降，且联动台上指示灯闪亮显示。

② 调整高速挡重量限制开关 工作幅度小于 13m（即最大额定起重量所允许的幅度范围内），起重量 1500kg（倍率 2）或 3000kg（倍率 4），起吊重物离地 0.5m，调整螺钉 1 至使微动开关 5 瞬时换接，拧紧螺钉 1 上的紧固螺母。

③ 调整 90% 最大额定起重量限制开关 工作幅度小于 13m，起重量 2700kg（倍率 2）或 5400kg（倍率 4），起吊重物离地 0.5m，调整螺钉 2 至使微动开关 6 瞬时换接，拧紧螺钉 2 上的紧固螺母。

④ 调整最大额定起重量限制开关 工作幅度小于 13m，起重量 3000kg（倍率 2）或 6000kg（倍率 4），起吊重物离地 0.5m，调整螺钉 3 至使微动开关 7 瞬时换接，拧紧螺钉 3 上的紧固螺母。

各挡重量限制调定后，均应试吊 2～3 次检验或修正，各挡允许重量限制偏差为额定起重量的 ±5%。

6.3 止挡联锁装置和报警及显示记录装置

6.3.1 止挡联锁装置

塔式起重机的止挡联锁装置包括小车断绳保护装置、小车防坠落装置、钢丝绳防脱装置、顶升防脱装置和抗风防滑装置（轨道止挡装置）等。

小车断绳保护装置用于防止变幅小车牵引绳断裂导致小车失控。

小车防坠落装置用于防止因变幅小车车轮失效而导致小车脱离臂架坠落，为防止牵引小车的牵引绳拉断，在水平起重臂的两端除设置限位开关的撞块外，还应设置缓冲装置。

钢丝绳防脱装置用来防止滑轮、起升卷筒及动臂变幅卷筒等钢丝绳脱离滑轮或卷筒。此外还应设置钢丝绳防扭装置，由于钢丝绳是通过多股钢丝编织而成，部分钢丝绳自身存在扭转力，因此，在起重机吊重过程中，易发生重物旋转，从而导致起重物跌落的伤人事故，同时扭转也造成钢丝绳加速磨损。一般塔式起重机在起重臂的端部安装钢丝绳防扭器，其结构如图6-18所示。

图6-18　钢丝绳防扭器结构图

1—滑轮；2，7—销轴；3—旋转轴；4，5—轴承；6—螺母；8—垫圈

顶升防脱装置用于防止自升式塔式起重机在正常加节、降节作业时，顶升装置从塔身支承中或液压缸端头的连接结构中自行脱出。由于顶升系统液压缸活塞杆顶端选用的球形铰链，所以一定要设置防止顶升横梁外翻的装置。因为外翻导致顶升横梁承受很大侧向弯矩，从而使顶升横梁变形过大而脱出爬爪槽，引发倒塔事故。

抗风防滑装置是夹轨器和锚固装置的统称。在地面轨道上行驶露天工作的起重机，应当设置夹轨器和锚固装置，防止在最大风力袭击时起重机发生事故。

夹轨器有手动式和电动式两类。手动式夹轨器主要有手动螺杆式夹轨器，电动式主要有弹簧式和螺杆自锁式电动夹轨器。夹轨钳安装于行走底架（或台车）的金属结构上，夹口可以钳在轨面两侧或者钳在钢轨的腹板位置，如图6-19所示的夹轨钳是夹钳在钢轨

的腹板位置。

目前许多国家规定风速超过 16m/s（相当于 7 级风）时，露天作业的起重机必须停止工作，并使用夹轨器。为此，夹轨器应与风速计相联锁。对于手动式夹轨器，风速计与起重机各机构联锁，当风速超过 16m/s 时，风速计通过电气联锁切断电源使起重机停止工作，操作人员离开起重机，锁紧夹轨器。

如果起重机采用的是电动夹轨器，则风速计与电动夹轨器联锁，当风速超过 16m/s 时，风速计带动的发电机电压升高，使继电器工作，发出警报，同时使电动夹轨器动作，然后切断各机构电源。

图 6-19　夹轨器　　　　　图 6-20　终端橡胶缓冲器
1—侧架立柱（或行走台车箱臂）；2—轴；
3—螺栓；4—夹钳；5—钢轨；6—螺母

塔式起重机在轨道上行走，为了防止起重机出轨，在距轨道端部 2～3m 处不但要设置上限位开关的撞块，而且在轨道的两端还应设置缓冲器，如图 6-20 所示。

6.3.2　报警及显示记录装置

塔式起重机的报警及显示装置包括报警装置、显示记录装置和风速仪等。报警装置用于塔式起重机荷载达到规定值时，向塔式起重机驾驶员自动发出声光报警信息。显示记录装置用图形或字符方式向驾驶员显示塔式起重机当前主要工作参数和额定能力参数。显示的工作参数一般包含当前工作幅度、起重量和起重力矩。额定能力参数一般包含幅度及终端橡胶缓冲器对应的额定起重量和额定起重力矩。

风速仪是极其重要的安全预警装置，特别是自升式塔式起重机必须装备风速仪。风速仪用以发出风速警报，提醒塔式起重机驾驶员及时采取防范措施。

6.4 电子安全系统和计算机辅助驾驶安全系统

6.4.1 电子安全系统

塔式起重机采用的电子安全装置主要包括电子力矩限制器、电子作业区限制器和电子防互撞系统。

(1) 电子力矩限制器

电子力矩限制器通过传感器采集有关吊载作业幅度、小车行程、吊钩起升高度以及起重力矩等数据，输入中央微处理器进行分析处理，然后一一表现在显示器屏幕上，并连续及时同塔式起重机荷载表中规定的数据进行对比。当现场采得的数据处理结果超越荷载表中规定的数值时，显示器屏幕上立即出现"超载"提示，并切断塔式起重机电源，使塔式起重机停止工作。电子力矩限制器可简化力矩限制器的调试作业。图 6-21 所示为德国 LIEBHERR 塔式起重机电子力矩限制器工作原理及显示器。

(2) 电子作业区域限制器

电子作业区域限制器可制定出一些作业禁区，如马路、铁道、高压线以及其他建筑物上空等，负载吊钩不得进入作业禁区。当塔式起重机起重臂接近这些作业禁区时，塔式起重机的回转机构便自动断电停止转动，驾驶室内的显示器向驾驶员展示有关作业禁区数据，为驾驶员提供安全操作依据。

(3) 电子防互撞系统

如两台或多台塔式起重机同时在某一建筑工地施工，其作业范围常常局部互相重叠。为保证作业安全，这些塔式起重机应装备电子防互撞系统。

这种电子防互撞系统以电子作业区域限制器为基础，加上多台

图 6-21　德国 LIEBHERR 塔式起重机
电子力矩限制器工作原理及显示器

塔式起重机小车及回转机构动作数据信息处理系统组成。

　　塔式起重机群防互撞及区域保护系统则是施工现场管理部门装设的塔式起重机群安全系统，能实现对在同一建筑综合体施工的多台塔式起重机进行实时监控，防止各塔式起重机互撞，为各塔式起重机限定作业区范围，对各塔式起重机安全作业区进行保护。

　　塔式起重机群防互撞和区域保护系统采用计算机数字控制方式。中央计算机设监控界面，以动态图形直观地显示所有塔式起重机的方位及运行状况，在监控界面中以色块形式直观地显示塔式起重机作业保护区和固定障碍物。如工地上某台塔式起重机因故障停机进行修理或进行顶升接高时，只需系统人员在中央计算机上将此台塔式起重机做出标记或修改此塔式起重机的高度参数即可，不需系统人员登机进行其他处理。

6.4.2 计算机辅助驾驶安全系统

从 2002 年起，部分国产的 63t·m、80t·m 及 160t·m 级塔式起重机的驾驶控制系统也开始采用微电子技术。该系统兼有对故障进行监控、对部件信息进行处理以及督促驾驶员正确操作、保证塔式起重机安全运行等功能。该系统对达到最大额定起重量的90％和超过最大额定起重量进行报警并加以制止，对达到最大起重力矩的90％和超过最大起重力矩进行报警并加以制止，并具有语音提示报警系统，使塔式起重机驾驶员集中精力，遵守操作规程，谨慎操作，得到报警，迅速采取措施，消除故障，保证安全运行。

第7章
塔式起重机零部件

7.1 钢丝绳

钢丝绳是塔式起重机上应用最广泛的挠性零件。一台超高层建筑施工用自升式塔式起重机，一般都配用 500～600m 甚至 1000m 的钢丝绳。钢丝绳的优点是：卷绕性好，承载能力大，对于冲击荷载的承受能力强；卷绕过程平稳，即使在卷绕速度大的情况下也无噪声；由于钢丝绳断裂是逐渐发生的，一般不会发生整根钢丝绳突然断裂的情况。因此，钢丝绳在矿井作业、建筑施工等生产中得到广泛应用。

针对塔式起重机的作业特点，要求钢丝绳不仅要具备较高的强度，而且必须兼有耐疲劳、抗磨损、抗扭转、抗锈蚀以及耐挤压等特性。

7.1.1 钢丝绳的分类

钢丝绳通常由多根直径为 0.3～0.4mm 的细钢丝捻成股，再由股捻成绳。由于细钢丝均为高强度钢丝，所以整根钢丝绳能够承受很大的破断拉力。根据 GB 8918—2006《重要用途钢丝绳》，钢丝绳有如下的分类。

(1) 同向捻、交互捻和混合捻钢丝绳

根据钢丝绳捻制方法不同，可分为同向捻、交互捻和混合捻。同向捻钢丝绳是指钢丝捻成股的方向和股捻成绳的方向相同的钢丝绳。交互捻钢丝绳则是钢丝捻成股的方向和股捻成绳的方向相反。如绳是右捻，而股是左捻，则称为右交互捻钢丝绳，如图 7-1（a）所示；如绳是左捻，而股是右捻，则称为左交互捻钢丝绳，如图

7-1（b）所示。

(a) 右交互捻钢丝绳   (b) 左交互捻钢丝绳

图 7-1   交互捻钢丝绳

如果钢丝绕成股的方向和股捻成绳的方向一部分相同，一部分相反，则称为混合捻钢丝绳。塔式起重机用的是交互捻钢丝绳，其特点是不易松散和扭转。

（2）单绕绳、双绕绳和三绕绳

根据钢丝绳绕制次数的多少，可分为单绕绳、双绕绳和三绕绳。由若干层钢丝围绕同一绳芯绕制成的钢丝绳，称为单绕绳；先将钢丝绕成股，再由股围绕绳芯绕制成的钢丝绳，叫做双绕绳；以双绕绳围绕绳芯绕成的绳，便是三绕。起重机上用的钢丝绳多是双绕绳。

（3）点接触、线接触和面接触钢丝绳

根据钢丝绳中丝与丝的接触状态，可分为点接触、线接触和面接触三种。如股内钢丝直径相等，各层之间钢丝与钢丝互相交叉而呈点状接触，称为点接触钢丝绳。线接触钢丝绳是采用不同直径钢丝捻制而成，股内各层之间钢丝全长上平行捻制，每层钢丝螺距相等，钢丝之间呈线状接触。如钢丝绳股内钢丝形状特殊，钢丝之间呈面状接触的，则称为面接触钢丝绳。

（4）圆股、异型股和多股不扭转钢丝绳

根据钢丝绳股截面形状不同，钢丝绳可分为圆股、异型股（三角形、椭圆形及扁圆形）和多股不扭转三类。高层建筑施工用塔式起重机应采用多股不扭转钢丝绳最为适宜，此种钢丝绳由两层绳股组成，两层绳股捻制方向相反，采用旋转力矩相互平衡的原理捻制而成。钢丝绳受力时，其自由端不会发生扭转。

（5）有机芯、纤维芯、石棉芯和钢芯钢丝绳

根据钢丝绳的绳芯材料来区分，可分为有机芯（麻芯或棉芯）、纤维芯、石棉芯和钢芯四种不同钢丝绳。起重机用的多是纤维芯或钢芯钢丝绳。

塔式起重机上用的钢丝绳，按使用功能的不同分为：起升钢丝绳、变幅钢丝绳、起重臂拉绳、平衡臂拉绳、小车牵引绳和塔身伸缩用钢丝绳等。

常用钢丝绳的断面构造、特点及适用范围见表7-1。

表7-1　钢丝绳的断面构造、特点及适用范围

类别	断面构造	特点及适用范围
普通多股点接触钢丝绳	6×19，纤维芯	全部钢丝粗细一致，承受横向压力的能力差，仅宜用作拉绳
外粗式线接触钢丝绳［西鲁（Senle）型或称 X 型］	6×19，钢芯	各股外层钢丝较粗，用以承受摩擦，而内层钢丝则较细，用以增加柔度、改善挠性 可用作起升和变幅钢丝绳
粗细式线接触钢丝绳［瓦林吞（Warrington）型或称 W 型］	6×19，纤维芯	各股外层钢丝粗细相间，使钢线绳兼有较好的挠性和较大的耐摩擦能力 宜用作小车牵引绳
填充式线接触钢丝绳［费勒（Filler）型或称 T 型］	8×25，钢芯	各股内、外层钢丝之间的凹凸用细钢丝填实，结构紧密，具有较好的耐磨能力及抗疲劳能力 可用作起升钢丝绳和变幅钢丝绳

类别	断面构造	特点及适用范围
多股不扭转钢丝绳	18×7	各相邻层股的捻向相反,钢丝绳受力时其自由端不会发生旋转。在卷筒上接触表面较大,抗挤压强度高,工作时不易变形,总破断拉力大,寿命比普通钢丝绳高很多 特别适宜用作起升高度特大的自升式塔式起重机的起升钢丝绳
异形股钢丝绳		接触表面大,耐磨性好,不易断丝。在同等条件下,总破断拉力大于圆股钢丝绳,寿命比普通钢丝绳约高3倍 又可分为三角股钢丝绳、椭圆股钢丝绳及扁股钢丝绳
密封式面接触钢丝绳		表面光滑,耐蚀性和耐磨性均好,能承受较大的横向力

7.1.2 钢丝绳的标记

根据 GB/T 8706—2006《钢丝绳术语、标记和分类》,钢丝绳的标记示例如图 7-2 所示。

例如,钢丝绳标记为"22 6×36WS-IWRC 1770 B SZ"表示:钢丝绳直径 22mm,钢丝绳股数 6,每股钢丝数 36,组合平行捻(WS),独立钢丝绳绳芯(IWRC),钢丝绳公称抗拉强度1770MPa,B 级锌合金镀层,右交互捻(SZ)。

钢丝绳的主要特性标记按如图 7-2 所示的顺序排列。

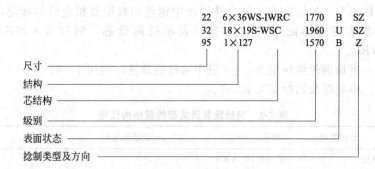

	22	6×36WS-IWRC	1770	B	SZ
	32	18×19S-WSC	1960	U	SZ
	95	1×127	1570	B	Z

尺寸 ————————————
结构 ————————————
芯结构 ————————————
级别 ————————————
表面状态 ————————————
捻制类型及方向 ————————————

图 7-2　钢丝绳的标记示例

（1）尺寸

标记中圆钢丝绳的尺寸为钢丝绳的公称直径，单位为 mm。圆钢丝绳的直径可用游标卡尺测量，其测量方法如图 7-3 所示。

(a) 正确　　　　　　　(b) 不正确

图 7-3　钢丝绳直径的测量方法

（2）结构

多股钢丝绳标记为：外层股数×每个外层股中钢丝的数量及相应股的标记，与芯结构的标记用"-"连接，例如 8×19S-PWRC。

对于多股不旋转钢丝绳（阻旋转钢丝绳），10 个或 10 个以上外层股时标记为：钢丝绳除中心组件外的股的总数，或当中心组件和外层股相同时，钢丝绳中股的总数×每个外层股中钢丝的数量及相应股的标记，与芯的结构标记用"-"连接，例如 18×17-WSC。如果股的层数超过两层，内层股的捻制类型标记在括号中标出。

对于多股不旋转钢丝绳（阻旋转钢丝绳），8 个或 9 个外层股时标记为：外层股数×每个外层股中钢丝的数量及相应股的标记，与芯结构的标记用":"连接，表示反向捻芯，例如 8×25F：IWRC。

单捻钢丝绳标记为：1×股中钢丝的数量，例如 1×61。

钢丝绳股的标记见表 7-2。

表 7-2　钢丝绳普通类型的股结构代号

结构类型	代号	股结构示例
单捻	无代号	6 即(1-5)
		7 即(1-6)
平行捻		
西鲁式	S	17S 即(1-8-8)
		19S 即(1-9-9)
瓦林吞式	W	19W 即(1-6-6＋6)
填充式	F	21F 即(1-5-5F-10)
		25F 即(1-6-6F-12)
		29F 即(1-7-7F-14)
		41F 即(1-8-8-8F-16)
组合平行捻	WS	26WS 即(1-5-5＋5-10)
		31WS 即(1-6-6＋6-12)
		36WS 即(1-7-7＋7-14)
组合平行捻	WS	41WS 即(1-8-8＋8-16)
		41WS 即(1-6/8-8＋8-16)
		46WS 即(1-9-9＋9-18)
多工序捻(圆股)		
点接触捻	M	19M 即(1-6/12)
		37M 即(1-6/12/18)
复合捻①	N	35WN 即(1-6-6＋6/18)

① N 是一个附加代号并放在基本类型代号之后，例如复合西鲁式为 SN，复合瓦林吞式为 WN。

钢丝绳普通类型的股结构类型如图 7-4 所示。

① 西鲁式　两层具有相同钢丝数的平行捻股结构。

② 瓦林吞式　外层包含粗、细两种交替排列的钢丝，而且外层钢丝数是内层钢丝数的 2 倍的平行捻股结构。

(a) 西鲁式   (b) 瓦林吞式   (c) 填充式   (d) 组合平行捻

图 7-4　钢丝绳的股结构类型

③ 填充式　外层钢丝数是内层钢丝数的 2 倍，而且在两层钢丝绳间的间隙中有填充钢丝的平行捻股结构。

④ 组合平行捻　由典型的瓦林吞式和西鲁式股类型组合而成，由三层或三层以上钢丝一次捻制成的平行捻股结构。

(3) 绳芯结构

钢丝绳绳芯的结构应按表 7-3 的规定标记。

表 7-3　钢丝绳绳芯结构代号

项目或组件	代　号
单层钢丝绳	
纤维芯	FC
天然纤维芯	NFC
合成纤维芯	SFC
固态聚合物芯	SPC
钢芯	WC
钢丝股芯	WSC
独立钢丝绳芯	IWRC
压实股独立钢丝绳芯	IWRC(K)
聚合物包覆独立绳芯	EPIWRC
平行捻密实钢丝绳	
平行捻钢丝绳芯	PWRC
压实股平行捻钢丝绳芯	PWRC(K)
填充聚合物的平行捻钢丝绳芯	PWRC(EP)
阻旋转钢丝绳	
中心构件	

项目或组件	代　号
纤维芯	FC
钢丝股芯	WSC
密实钢丝股芯	KWSC

（4）级别

当需要给出钢丝绳级别时，应标明钢丝绳破断拉力级别，即钢丝绳公称抗拉强度（MPa），如 1770MPa、1570MPa、1960MPa 等。

（5）表面状态

钢丝绳外层钢丝应用下列字母标记：U——光面无镀层；B——B 级镀锌；A——A 级镀锌；B（Zn/Al）——B 级锌合金镀层；A（Zn/Al）——A 级锌合金镀层。

（6）捻制类型及方向

对于单捻钢丝绳，捻制方向应用下列字母标记：Z——右捻；S——左捻。

对于多股钢丝绳，捻制类型和捻制方向应用下列字母标记：SZ——右交互捻；ZS——左交互捻；ZZ——右同向捻；SS——左同向捻；aZ——右混合捻；aS——左混合捻。

交互捻和同向捻类型中的第一个字母表示钢丝在股中的捻制方向，第二个字母表示股在钢丝绳中的捻制方向。混合捻类型的第二个字母表示股在钢丝绳中的捻制方向。

7.1.3　钢丝绳的检查和报废

（1）钢丝绳的检查

在塔式起重机吊运作业过程中，钢丝绳不停地通过滑轮绳槽和卷筒绳槽，不仅受拉、挤压和摩擦作用，还要受扭转、弯曲和挤压的反复作用，疲劳断丝现象便逐渐发生。又由于磨损、锈蚀及其他因素的影响，加剧了钢丝绳断丝情况的发展，最终由量变转为质变而使钢丝绳完全失效。因此，加强对钢丝绳的定期全面检查，对于消除钢丝绳的隐患和保证塔式起重机的安全作业是非常必要的。

钢丝绳的检查包括外部检查和内部检查及钢丝绳使用条件的检

查。钢丝绳应每周进行一次外部检查，每月至少进行一次全面的、深入细致的详细检查。塔式起重机在长时间停置后重新投入生产之前，应对钢丝绳进行一次全面检查。

① 钢丝绳的外部检查　钢丝绳外部检查包括直径检查、磨损检查、断丝检查和润滑检查。

a. 直径检查。直径是钢丝绳极其重要的参数。通过对直径测量，可以反映该处直径的变化程度，钢丝绳是否受到过较大的冲击荷载，捻制时股绳张力是否均匀一致，绳芯对股绳是否保持了足够的支撑能力。钢丝绳直径用带有宽钳口的游标卡尺测量，其钳口的宽度要足以跨越两个相邻的股，如图 7-5 所示。

图 7-5　钢丝绳直径测量

b. 磨损检查。钢丝绳在使用过程中产生磨损现象不可避免。通过对钢丝绳磨损检查，可以反映出钢丝绳与匹配轮槽的接触状况。在无法随时进行性能试验的情况下，根据钢丝磨损程度来推测钢丝绳的实际承载能力。

c. 断丝检查。钢丝绳在投入使用后，肯定会出现断丝现象，尤其是到了使用后期，断丝发展速度会迅速上升。通过断丝检查，不仅可以推测钢丝绳继续承载的能力，而且根据出现断丝根数的发展速度，间接预测钢丝绳的使用寿命。

d. 润滑检查。通常情况下，新出厂的钢丝绳大部分在生产时已经进行了润滑处理，但在使用过程中，润滑油脂会流失减少。润滑不仅能够对钢丝绳在运输和存储期间起到防腐保护作用，而且能够减少钢丝绳在使用过程中钢丝之间、股绳之间和钢丝绳与匹配轮槽之间的摩擦，延长钢丝绳使用寿命。润滑检查的目的是把对钢丝绳危害的腐蚀、摩擦等降到最低程度。尽管有时钢丝绳表面不一定涂覆润滑性质的油脂（例如增摩性油脂），但是从防腐和满足特殊需要看，润滑检查是十分重要的。

② 钢丝绳的内部检查　对钢丝绳进行内部检查要比进行外部检查困难得多，但由于内部损坏（主要由锈蚀和疲劳引起的断丝）的隐蔽

性大，为保证钢丝绳安全使用，必须在适当的部位进行内部检查。

如图 7-6 所示，检查时将两个尺寸合适的夹钳相隔 100～200mm 夹在钢丝绳上反方向转动，股绳便会脱起。操作时，必须十分仔细，避免股绳被过度移位造成永久变形，导致钢丝绳破坏。对靠近绳端的绳段特别是对固定钢丝的绳段应更加注意操作。诸如支持绳或悬挂绳，如果操作正确，钢丝绳不会变形。如图 7-7 所示，小缝隙出现后，用螺钉旋具或探针拨动股绳并把妨碍视线的油脂或其他异物拨开，对内部润滑、钢丝锈蚀，钢丝及钢丝间相互运动产生的磨痕等情况进行仔细检查。检查断丝，一定要认真，因为钢丝断头一般不会翘起，因而不容易被发现。检查完毕后，稍用力转回夹钳，使股绳完全恢复到原来位置。

图 7-6　对一段连续钢丝
绳作内部检验

图 7-7　对靠近绳端装置
的钢丝绳尾部作内部检验

③ 钢丝绳的使用条件检查　除对钢丝绳本身的检查之外，还必须对与钢丝绳使用相匹配的轮槽表面磨损情况、轮槽几何尺寸及转动灵活性等进行检查，以保证钢丝绳在运行过程中与其始终处于良好的接触状态，运行摩擦阻力最小。

（2）钢丝绳的报废

依据 GB/T 5972—2006《起重机用钢丝绳检验和报废使用规范》，钢丝绳使用的安全程度由以下项目判定：

——断丝的性质和数量；

——绳端断丝；

——断丝的局部聚集；

——断丝的增加率；

——绳股断裂；

——绳芯损坏而引起的绳径减小；

——弹性降低；

——外部磨损；

——外部和内部腐蚀；

——变形；

——由于受热或电弧的作用引起的损坏；

——永久伸长的增加率。

① 断丝的性质和数量　对于 6 股和 8 股的钢丝绳，断丝主要发生在外表；而对于多层绳股的钢丝绳，断丝大多数发生在内部。因此，在检查断丝数时，应综合考虑断丝的部位、局部聚集程度和断丝的增长趋势以及该钢丝绳是否用于危险品作业等因素。

对钢制滑轮上工作的圆股钢丝绳，断丝根数在规定长度内达到表 7-4 中所列数值时，应报废。

表 7-4　钢制滑轮上工作的圆股钢丝绳中断丝根数的控制标准

外层绳股承载钢丝数[①] n	钢丝绳典型结构示例[②] (GB 8918—2006、GB/T 20118—2006)[⑤]	起重机用钢丝绳必须报废时与疲劳有关的可见断丝数[③]							
		机构工作级别							
		M1、M2、M3、M4				M5、M6、M7、M8			
		交互捻		同向捻		交互捻		同向捻	
		长度范围[④]							
		$\leqslant 6d$	$\leqslant 30d$	$\leqslant 6d$	$\leqslant 30d$	$\leqslant 6d$	$\leqslant 30d$	$\leqslant 6d$	$\leqslant 30d$
$\leqslant 50$	6×7	2	4	1	2	4	8	2	4
$51 \leqslant n \leqslant 75$	$6 \times 19S^*$	3	6	2	3	6	12	3	6
$76 \leqslant n \leqslant 100$		4	8	2	4	8	16	4	8
$101 \leqslant n \leqslant 120$	$8 \times 19S^*$ $6 \times 25Fi^*$	5	10	2	5	10	19	5	10
$121 \leqslant n \leqslant 140$		6	11	3	6	11	22	6	11
$141 \leqslant n \leqslant 160$	$8 \times 25Fi$	6	13	3	6	13	26	6	13
$161 \leqslant n \leqslant 180$	$6 \times 36WS^*$	7	14	4	7	14	29	7	14
$181 \leqslant n \leqslant 200$		8	16	4	8	16	32	8	16
$201 \leqslant n \leqslant 220$	$6 \times 41WS^*$	9	18	4	9	18	38	9	18
$221 \leqslant n \leqslant 240$	6×37	10	19	5	10	19	38	10	19

外层绳股承载钢丝数[①] n	钢丝绳典型结构示例[②] (GB 8918—2006、GB/T 20118—2006)[⑤]	起重机用钢丝绳必须报废时与疲劳有关的可见断丝数[③]							
		机构工作级别							
		M1、M2、M3、M4				M5、M6、M7、M8			
		交互捻		同向捻		交互捻		同向捻	
		长度范围[④]							
		≤6d	≤30d	≤6d	≤30d	≤6d	≤30d	≤6d	≤30d
241≤n≤260		10	21	5	10	21	42	10	21
261≤n≤280		11	22	6	11	22	45	11	22
281≤n≤300		12	24	6	12	24	48	12	24
300<n		0.04n	0.08n	0.02n	0.04n	0.08n	0.16n	0.04n	0.08n

① 填充钢丝不是承载钢丝，因此检验中要予以扣除。多层绳股钢丝绳仅考虑可见的外层；带钢芯的钢丝绳，其绳芯作为内部绳股对待，不予考虑。

② 统计绳中的可见断丝数时，取整至整数值。对外层绳股的钢丝直径大于标准直径的特定结构的钢丝绳，在表中作降低等级处理，并以 * 号表示。

③ 一根断丝可能有两处可见端。

④ d 为钢丝绳公称直径。

⑤ 钢丝绳典型结构与国际标准的钢丝绳典型结构一致。

对钢制滑轮上工作的抗扭（多股不扭转）钢丝绳，断丝根数达到表 7-5 中所列数值时，应报废。

表 7-5　钢制滑轮上工作的抗扭钢丝绳中断丝根数的控制标准

达到报废标准的起重机用钢丝绳与疲劳有关的可见断线数[①]			
机构工作级别 M1、M2、M3、M4		机构工作级别 M5、M6、M7、M8	
长度范围[②]		长度范围[②]	
≤6d	≤30d	≤6d	≤30d
2	4	4	8

① 一根断丝可能有两处可见端。

② d 为钢丝绳公称直径。

如果钢丝绳锈蚀或磨损时，不同种类的钢丝绳应将表 7-4 和表 7-5 中断丝数按表 7-6 折减，并按折减后的断丝数作为判断钢丝绳报废的依据。

② 绳端断丝　当绳端或其附近出现断丝时，即使数量很少也表明该部位应力很高，可能是由于绳端安装不正确造成的，应查明损坏原因。如果绳长允许，应将断丝的部位切去重新合理安装。

表 7-6　锈蚀或磨损的折减系数

钢丝表面磨损或锈蚀量/%	10	15	20	25	30～40	>40
折减系数/%	85	75	70	60	50	0

③ 断丝的局部聚集　如果断丝紧靠一起形成局部聚集，则钢丝绳应报废。如这种断丝聚集在小于 $6d$ 的绳长范围内，或者集中在任一支绳股里，那么，即使断丝数比表 7-4 或表 7-5 中的数值少，钢丝绳也应报废。

④ 断丝的增加率　在某些情况下，疲劳是引起钢丝绳损坏的主要原因，断丝则是在使用一个时期以后才开始出现。随着钢丝绳继续使用断丝数逐渐增加，其时间间隔越来越短。为了判定断丝的增加率，应仔细检验并记录断丝增加情况，根据这个"规律"来确定钢丝绳未来报废的日期。

⑤ 绳股断裂　如果出现整根绳股的断裂，则钢丝绳应报废。

⑥ 绳芯损坏而引起的绳径减小　绳芯损坏导致绳径 L 减小可由下列原因引起：内部磨损和压痕；由钢丝绳中各绳股和钢丝之间的摩擦引起的内部磨丝，尤其当钢丝绳经受弯曲时更是如此；纤维绳芯的损坏；钢芯的断裂和多层股结构中内部股的断裂。

如果这些因素引起钢丝绳实测直径（互相垂直的两个直径测量的平均值）相对公称直径减小 3%（对于抗扭钢丝绳而言）或减少 10%（对于其他钢丝绳而言），即使未发现断丝，该钢丝绳也应报废。

对于微小的损坏，特别是当所有各绳股中应力处于良好平衡时，用通常的检验方法可能是不明显的，然而这种情况会引起钢丝绳的强度大大降低，所以，有任何内部细微损坏的迹象时，均应对钢丝绳内部进行检验并予以查明。一经证实损坏，该钢丝绳应报废。

⑦ 弹性降低　在某些情况下（通常与工作环境有关），钢丝绳的弹性会显著降低，若继续使用则是不安全的。弹性降低通常伴随下述现象。

a. 绳径减小。

b. 钢丝绳捻距（螺线形钢丝绳外部钢丝和外部绳股围绕绳芯旋转一整圈或一个螺旋，沿钢丝绳轴向测得的距离）增大。

c. 由于各部分相互压紧，钢丝之间和绳股之间缺少空隙。

d. 绳股凹处出现细微的褐色粉末。

e. 虽未发现断丝，但钢丝绳明显地不易弯曲和直径减小，比起单纯的由于钢丝磨损而引起的直径减小要严重得多。这种情况会导致在动载作用下钢丝绳突然断裂，故应立即报废。

⑧ 外部磨损　钢丝绳外层绳股的钢丝表面磨损，是由于它在压力作用下与滑轮或卷筒的绳槽接触摩擦造成的。这种现象在吊载加速或减速运动时，钢丝绳与滑轮接触的部位特别明显，并表现为外部钢丝磨成平面状。

润滑不足或不正确的润滑以及存在灰尘和砂粒都会加剧磨损。

磨损使钢丝绳的断面积减小而强度降低。当钢丝绳直径相对于公称直径减小 7% 或更多时，即使未发现断丝，该钢丝绳也应报废。

⑨ 外部和内部腐蚀　钢丝绳在海洋或工业污染的大气中特别容易发生腐蚀。腐蚀不仅使钢丝绳的金属断面减小导致破断强度降低，还将引起表面粗糙，产生裂纹从而加速疲劳；严重的腐蚀还会降低钢丝绳弹性。外部钢丝的腐蚀可用肉眼观察，内部腐蚀较难发现，但下列现象可供参考。

a. 钢丝绳直径的变化。钢丝绳在绕过滑轮的弯曲部位直径通常变小。但对于静止段的钢丝绳则常由于外层绳股出现锈蚀而引起钢丝绳直径的增加。

b. 钢丝绳外层绳股间空隙减小。空隙减小还经常伴随出现外层绳股之间断丝。

如果有任何内部腐蚀迹象，则应由主管人员对钢丝绳进行内部检验，若有严重的内部腐蚀，则应立即报废。

⑩ 变形　钢丝绳失去正常形状产生可见的畸形称为"变形"，这种变形会导致钢丝绳内部应力分布不均匀。钢丝绳的变形从外观上区分，主要可分下述几种。

a. 波浪形。波浪形的变形是钢丝绳的纵向轴线成螺旋线形状，如图 7-8 所示。这种变形不一定导致任何强度上的损失，但如变形严重即会产生跳动，造成不规则的传动，时间长了会引起磨损及断丝。出现波浪形时，在钢丝绳长度不超过 $25d$ 的范围内，若 $d_1 \geqslant -4d$（式中 d 为钢丝绳的公称直径，d_1 是钢丝绳变形后包络的直径），则钢丝绳应报废。

图 7-8　波浪形变形

b. 笼状畸变。笼状畸变也称"灯笼形"畸变，出现在具有钢芯的钢丝绳上。当外层绳股发生脱节或者变得比内部绳股长的时候就会发生这种变形。笼状畸变的钢丝绳应立即报废。

c. 绳芯或绳股挤出、扭曲。这种变形是笼状畸变的一种特殊形式，说明钢丝绳不平衡。有绳芯或绳股挤出（隆起）或扭曲的钢丝绳应立即报废。

d. 钢丝挤出。钢丝挤出是一些钢丝或钢丝束在钢丝绳背对滑轮槽的一侧拱起形成环状的变形。有钢丝挤出的钢丝绳应立即报废。

e. 绳径局部增大。钢丝绳直径发生局部增大，并能波及相当长的一段钢丝绳，这种情况通常与绳股的畸变有关。在特殊环境中，纤维芯由于受潮而膨胀，结果使外层绳股受力不均衡，造成绳股错位。如果这种情况使钢丝绳实际直径增加 5% 以上，钢丝绳应立即报废。

f. 局部压扁。通过滑轮部分压扁的钢丝绳将会很快损坏，表现为断丝并可能损坏滑轮，如此情况的钢丝绳应立即报废。位于固定索具中的钢丝绳压扁部位会加速腐蚀。如果继续使用，应按规定的缩短周期对其进行检查。

g. 扭结。扭结是由于钢丝绳成环状，在不允许绕其轴线转动的情况下被绷紧造成的一种变形。其结果是出现捻距不均而引起过度磨损，严重时钢丝绳将产生扭曲，以致仅存极小的强度。有扭结的钢丝绳应立即报废。

h. 弯折。弯折是由外界影响因素引起的钢丝绳的角度变形，类似钢丝绳的局部压扁。有严重弯折的钢丝绳，应接局部压扁的要求处理。

⑪ 由于受热或电弧的作用引起的损坏　钢丝绳因异常的热影响作用，在外表出现可识别的颜色变化时，应立即报废。

7.1.4　钢丝绳的储运和松卷

(1) 钢丝绳的储运

钢丝绳应储存在干燥、封闭的有木地板或混凝土地面的仓库内。当钢丝绳必须长期储存时，应设法使钢丝绳保持良好润滑状态，每隔六个月润滑一次。

在装卸运输过程中，应注意不要损坏钢丝绳表面。在堆放时，成卷的钢丝绳应竖立安置，不得平放。必须临时露天存放时，地面上应垫以木板，并用油布覆盖。

(2) 钢丝绳的松卷

钢丝绳通常总是成卷（盘）供应的，一卷钢丝绳的长度有多种规格，如 250m、500m 和 1000m 等。多层建筑施工用的塔式起重机的起升钢丝绳通常为 100～150m，而中高层建筑施工用的塔式起重机的起升钢丝绳长为 250～350m，超高层建筑施工用的塔式起重机的起升钢丝绳往往长达 500m 或更长一些。正确的钢丝绳开卷方式如图 7-9 所示。

从整卷（盘）钢丝绳中截取某给定长度的一段钢丝绳时，必须注意按正确方法进行松卷（松盘）操作，量出其长度，然后按规定程序进行扎结和截断。正确松卷操作的要领如下。

① 松卷　在松卷过程中，不得随意抽取，以免形成圈套和死结。

② 引头　在整卷钢丝绳中引出一个绳头并拉出一部分重新盘绕成卷时，松绳的引出方向和重新盘绕成卷的绕向应当保持一致。也就是说，顺时针方向引出钢丝绳时，也必须顺时针方向卷绕。不允许顺时针方向引出，逆时针方向卷绕。

图 7-9　正确的钢丝绳开卷方式

③ 缠绕　如由钢丝绳卷直接往起升机构卷筒上缠绕时，应注意两点：一是应把整卷钢丝绳架设在专用的旋转托架或支座上，松卷时的转动方向应与起升机构卷筒上绕绳的方向一致；二是卷筒上的绳槽走向应同钢丝绳的捻向相适应。如果钢丝绳在绳槽走向是从左向右，钢丝绳是右捻，要从卷筒上方引入卷绕，如图 7-10（a）左图所示；倘若钢丝绳在绳槽走向是从右向左，钢丝绳是右捻，则要从卷筒下方引入卷绕，如图 7-10（a）右图所示；若钢丝绳在绳槽走向是从左向右，钢丝绳是左捻，要从卷筒下方引入卷绕，如图 7-10（b）左图所示；如果钢丝绳在绳槽走向是从右向左，钢丝绳是左捻，则要从卷筒上方引入卷绕，如图 7-10（b）右图所示。

在钢丝绳松卷和重新缠绕过程中，应避免钢丝绳与污泥接触，以免钢丝绳生锈。

(a) 右捻钢丝绳　　　　　　　　(b) 左捻钢丝绳

图 7-10　卷筒上绕绳方向与钢丝绳捻向关系示意图

7.1.5 钢丝绳的截断和扎结

在截断钢丝绳时，要在截分处进行扎结以防止钢丝绳松散。用火烧丝扎结的操作顺序如图 7-11 所示。扎结火烧丝的绕向必须与钢丝绳股的绕向相反，并要用专门工具扎结紧固，以免钢丝绳在断头处松开。截分处可用砂轮锯截断或用錾子切断。

对于不扭转钢丝绳，火烧丝缠扎宽度随钢丝绳直径大小而定，具体情况见表 7-7。扎结处与截断口之间的距离应不小于 50mm。除特粗钢丝绳可用乙炔切割外，一般均用锋利的刃具截断。

(a)   (b)

(c)

(d)

图 7-11   钢丝绳截断前施工准备

表 7-7   钢丝绳扎结宽度与直径的关系   mm

钢丝绳直径 d	≤15	15~24	25~30	31~44	45~51
扎结宽度 L	≥d	≥25	≥40	≥50	≥75

7.1.6 钢丝绳的穿绕和固定

(1) 钢丝绳的穿绕

钢丝绳的使用寿命，在很大程度上取决于穿绕方式是否正确。

穿绕钢丝绳时，必须注意检查钢丝绳的捻向。动臂式塔式起重机的臂架拉绳捻向必须与臂架变幅绳的捻向相同，起升钢丝绳的捻向必须与起升卷筒上的钢丝绳绕向相反。

在更换钢丝绳时，为了确保钢丝绳有较长的使用寿命，必须注意绳头在卷筒上的固定点位置和绳槽的走向。

当钢丝绳从卷筒下方引出时，钢丝绳头固定在起升机构卷筒右侧，绕卷方向是从右向左，则所选用的钢丝绳应是右捻向的钢丝绳；钢丝绳头固定在起升机构卷筒左侧，绕卷方向是从左向右，则所选用的钢丝绳应是左捻向的钢丝绳。

当钢丝绳从卷筒上方引出时，钢丝绳头固定在起升机构卷筒右侧，绕卷方向是从右向左，则所选用的钢丝绳应是左捻向的钢丝绳；钢丝绳头固定在起升机构卷筒左侧，绕卷方向是从左向右，则所选用的钢丝绳应是右捻向的钢丝绳。

（2）钢丝绳的固定

塔式起重机上钢丝绳端头的固定方式有卡接法、楔套法、锥套灌铅法、编结法、铝合金压套法和压板固结法等，如图 7-12 所示。

(a) 卡接法　(b) 楔套法　　(c) 锥套灌铅法　　(d) 编结法　　(e) 铝合金压套法

(f) 在鼓筒端板上固定起升钢丝绳用的楔块压接法　　(g) 起升鼓筒上用的压板固结法

图 7-12　钢丝绳端头的固定方式示意图

① 卡接法　如图 7-12 (a) 所示，卡接法就是把钢丝绳的端头套装在心形套环上，用特制的钢丝绳绳夹卡牢，加以固定。

这种特制钢丝绳绳夹由夹座、U 形螺栓和紧固螺母组成，如图 7-13 所示。当绳夹用于起重机上时夹座材料推荐采用 Q235 B 钢或 ZG270～500 制造，U 形螺栓和螺母用 Q235 B 制成。直径为 6～50mm 的钢丝绳均可用不同规格钢丝绳绳夹进行卡接固定。

使用钢丝绳绳夹时应注意以下事项。

a. 选用钢丝绳绳夹时，绳夹 U 形环内的净距应恰好等于钢丝绳的直径。绳夹与绳夹之间的排列间距应不小于钢丝绳直径的 6～8 倍。

图 7-13　钢丝绳绳夹
1—U 形螺栓；2—夹座；3—紧固螺母

根据钢丝绳直径不同，选用绳夹规格和数量可查表 7-8。

表 7-8　钢丝绳绳夹规格及用量表

绳夹规格（钢丝绳公称直径）d/mm	钢丝绳夹的最少数量/组
≤18	3
>18～26	4
>26～36	5
>36～44	6
>44～60	7

b. 使用钢丝绳绳夹时应将 U 形环部分卡在活头一边，如图 7-14所示。钢丝绳末端距钢丝绳绳夹要保持 140～160mm。为防止钢丝绳受力后发生滑动，可增加一个安全绳夹，安全绳夹置于距最后一个绳夹约 500mm 处，并将绳头放出一段安全弯后再夹紧。

c. 使用钢丝绳绳夹时，一定要把 U 形环螺栓拧紧，直到钢丝绳直径被压 1/3 左右为止。

在工作中要检查绳夹螺纹部分有无损坏。暂时不用时，在螺纹处稍涂防锈油，并存放在干燥的地方，以防生锈。

图 7-14　钢丝绳绳夹正确使用示意图
1—安全弯；2—安全绳夹；3—主绳

使用钢丝绳卡接法的优点是拆装方便、牢固。其缺点是钢丝绳绳夹紧固螺母凸出在钢丝绳的外部，比较笨重。这种接法主要用于塔式起重机起重臂和平衡臂拉索的固定和小车牵引绳的固定。

②楔套法　如图 7-12（b）所示，楔套法又称楔块锥套法。固定时，先将钢丝绳的末端绕在带有凹槽的楔块上，然后插入锥套内，经过拉紧之后，钢丝绳即被固定于锥套之内。楔套法的特点是，构造简单，固定牢靠。

楔块锥套固定法如图 7-15 所示。塔式起重机起升钢丝绳的一

图 7-15　采用楔块锥套固定法固定钢丝绳端头
1—钢丝绳；2—带凹槽的楔块；3—楔形锥套

端头一般都用此法加以固定。楔形锥套多用25铸钢制作，而斜楔块一般用铸铁或普通钢板制作。

③ 锥套灌铅法　如图7-12（c）所示，锥套灌铅法简称灌铅法。施工时，先将钢丝绳拆散，切去绳芯后插入锥套内，再将钢丝绳末端弯成钩状，然后灌入熔融的铅液，经过冷却即成。其操作步骤如图7-16所示。此法操作复杂，如今已较少采用。

图7-16　锥套灌铅法结头施工顺序图

a—钢丝绳端头；b—扎结处；d—钢丝绳直径

④ 编结法　如图7-12（d）所示，编结法就是将钢丝绳股与股互相穿插的一种连接和固定的方法。此法的优点是经济、方便和牢固，目前主要用于吊装用的绳索。编结时，先将分散的钢丝绳末端按一定顺序和工艺，分别插入钢丝绳的工作分支中以形成环状，然后套在心形套环的凹槽中，再用钢丝捆扎紧固。扎结长度相当于钢丝绳直径的20～25倍。直径6～10mm的钢丝绳，其捆扎长度不得小于300mm。

⑤ 铝合金压套法　如图7-12（e）所示，铝合金压套法简称压头法。施工时，先将绳头拆散，分股并将留头错开，然后弯转用钎子将其插入主索中；弯套中则嵌有心形环。最后，在插接处套以铝合金套，用汽锤加压模锻成形。这种铝合金压头重量轻，制作容易，安装方便，轻型和中型塔式起重机上应用较广。

⑥ 压板固结法　如图7-12（f）、（g）所示，此法主要用于起升或变幅卷筒上钢丝绳端头的固定，压板底面带有绳槽，用以压紧钢丝绳。施工时，先使钢丝绳末端穿过卷筒的端板，然后弯曲并拢，再用带槽压板卡紧，最后用螺栓将压板牢靠地图定在卷筒端

板上。

7.1.7　钢丝绳的润滑

对钢丝绳进行系统润滑，可使钢丝绳寿命延长 2～3 倍。润滑之前，将钢丝绳表面上积存的污垢和铁锈清除干净，用镀锌钢丝刷将钢丝绳表面刷净。钢丝绳表面越干净，润滑脂就越容易渗透到钢丝绳内部，润滑效果就越好。

钢丝绳润滑方法有刷涂法和浸涂法。刷涂法就是人工使用专用刷子，把加热的润滑脂涂刷在钢丝绳表面上。操作时要注意稳、慢和有力，尽可能使更多的润滑脂渗进钢丝绳内部。浸涂法具体做法是：先将钢丝绳润滑脂放入铁制容器内加热到 60℃，然后通过一组导辊装置使钢丝绳被张紧，同时让钢丝绳缓慢地在容器里的熔融润滑脂中通过，钢丝绳通过速度为 1～2m/min。

根据经验，钢丝绳润滑脂的用量可按钢丝绳直径和钢丝绳长度加以估算，其计算公式如下

$$V = AdL/100 \tag{7-1}$$

式中　V——钢丝绳润滑脂用量，kg；

　　　A——系数，0.3～0.45；

　　　d——钢丝绳直径，mm；

　　　L——待润滑的钢丝绳长度，m。

良好的钢丝绳润滑脂应不含酸、碱及其他有害杂质。钢丝绳润滑脂可以自行配制，也可以采用市场上出售的黑色钙基石墨润滑脂，其牌号为 ZG-S，滴点为 80℃。

7.1.8　钢丝绳的选用

(1) 钢丝绳的选用原则

① 能承受所要求的拉力，保证足够的安全系数。

② 能保证钢丝绳受力不发生扭转。

③ 耐疲劳，能承受反复弯曲和振动作用。

④ 有较好的耐磨性能。

⑤ 与使用环境相适应。高温或多层缠绕场合宜选用钢芯，高温、腐蚀严重场合宜选用石棉芯；有机芯易燃，不能用于高温场合。

⑥ 必须有产品检验合格证。

(2) 钢丝绳的安全系数

由于以下因素，钢丝绳必须预留足够的安全系数。

① 钢丝绳磨损、疲劳破坏、锈蚀、不恰当使用、尺寸误差、制造质量缺陷等不利影响。

② 钢丝绳的固定强度达不到钢丝绳本身的强度。

③ 由于惯性及加速作用（如启动、制动、振动等）而造成的附加荷载作用。

④ 由于钢丝绳通过滑轮槽时的摩擦阻力作用。

⑤ 吊重时的超载影响。

⑥ 吊索及吊具的超重影响。

⑦ 钢丝绳在绳槽中反复弯曲而造成的危害影响。

钢丝绳的安全系数是不可缺少的安全储备，绝不允许凭借这种安全储备而擅自提高钢丝绳的最大允许安全荷载，钢丝绳的安全系数见表7-9。

表7-9　钢丝绳的安全系数

用　途	安全系数	用　途	安全系数
作缆风	3.5	作吊索,无弯曲时	6～7
用于手动起重设备	4.5	作捆绑吊索	8～10
用于机动起重设备	5～6	用于载人的升降机	14

(3) 钢丝绳的允许拉力

钢丝绳的允许拉力是钢丝绳在工作中所允许的实际荷载，其与钢丝绳最小破断拉力和安全系数的关系式为

$$[F] = F_0/K \tag{7-2}$$

式中　$[F]$——钢丝绳允许拉力，kN；

F_0——钢丝绳最小破断拉力，kN；

K——钢丝绳安全系数。

例如，一规格为$6 \times 19S + FC$，公称抗拉强度为1570MPa，直径为16mm的钢丝绳，使用单根钢丝绳作捆绑吊索，查GB 8918—2006《重要用途钢丝绳》中表70可知，$F_0 = 133$kN；查表7-9可知，$K = 8$，该钢丝绳作捆绑吊索用的允许拉力为

$$[F] = F_0/K = 133/8 = 16.625(\text{kN})$$

7.2 吊钩

7.2.1 吊钩的种类

塔式起重机的吊钩可分为自由锻吊钩与模锻吊钩两大类。常见的模锻吊钩带钩环，起重量比较小，仅适用于轻型、小型塔式起重机。一般塔式起重机大多采用自由锻吊钩。

根据 GB/T 10051.1—2010 的规定，吊钩按其力学性能分为M、P、(S)、T、(V) 5 个强度等级，M、P、(S) 级材质为结构钢（20、30），(S)、T、(V) 级材质为合金钢（20Cr、35CrMn）。在构造和尺寸相同的条件下，P 级吊钩起重量为 M 级吊钩起重量的 1.25 倍，(S) 级吊钩起重量为 M 级吊钩起重量的 1.6 倍，T 级吊钩起重量为 M 级吊钩起重量的 2 倍。锻制吊钩钢材可用 20、20SiMn 和 36Mn2Si，吊钩螺母则用 20 钢制作。吊钩的标记方式如下。

7.2.2 吊钩的防脱棘爪

根据 JJ 75—1988 有关规定，塔式起重机的吊钩必须备有防脱棘爪。防脱棘爪的作用是在荷载悬挂进入吊钩时立即自动关闭，使吊钩心部形成一个封闭环圈，防止荷载在运输过程中脱钩。

防脱棘爪有两种常用的形式：一种是钢丝弹簧式防脱棘爪或挡板弹簧式防脱棘爪，主要用于轻型塔式起重机；另一种是罩盖弹簧式防脱棘爪或操纵手柄式防脱棘爪，主要用于大、中型塔式起重机，这两种防脱棘爪的安装方式如图 7-17 所示。

防脱棘爪轴及棘爪均应有足够的强度并应操纵方便。由于装设防脱棘爪，吊钩的钩口尺寸有所减少，如图 7-17 所示，但不应小于表 7-10 中的数值。

(a) 装有罩盖弹簧式
防脱棘爪的吊钩

(b) 装有操作手柄
防脱棘爪的吊钩

图 7-17　两类吊钩防脱棘爪的安装方式及钩口尺度示意图

表 7-10　安装防脱棘爪后的钩口尺寸

| 安装罩盖弹簧式防脱棘爪的吊钩 | | | | 安装带有操纵手柄防脱棘爪的吊钩 | | | | | |
吊钩起重量/t	S_o/mm	吊钩起重量/t	S_o/mm	吊钩起重量/t	S_a/mm	S_b/mm	吊钩起重量/t	S_a/mm	S_b/mm
1.0	30	8	66	1.0	30	7	8	66	15
2.0	33	10	73	2.0	34	7	10	73	15
4.0	47	12.5	75	4.0	45	10	12.5	75	15
5.0	51	16	90	5.0	50	10	16	90	20
6.0	62	20	100	6.3	60	15	20	100	20

　　安装防脱棘爪的凸耳（或称凸座），应与吊钩锻成一体。对于无凸耳的吊钩，也可采用钢箍固定方式安装防脱棘爪。采用钢箍固定时，必须保证钢箍不错位，并能顺利穿过棘爪轴。

　　图 7-18 所示为采用钢箍固定防脱棘爪的两种做法。其中图 7-18（a）适用于吊钩杆柄较长、滑轮夹板和吊钩杆柄间隙较大的情况。图 7-18（b）则适合于吊钩杆柄较短的情况，其圆钢箍可焊装在滑轮夹板上。

(a) 罩盖型棘爪

(b) 带操作手柄的棘爪

图 7-18　采用钢箍固定防脱棘爪两种做法示意图

7.2.3　吊钩的检验和报废

(1) 吊钩的检验

① 吊钩的危险断面　通过对吊钩受力分析，可以了解吊钩的危险断面有三个。如图 7-19 所示，在吊钩的 I—I 断面上，受到切应力的作用，切应力有把吊钩切断的趋势；在 III—III 断面上（这个断面处在吊钩钩尾螺纹退刀槽的位置），受到拉应力的作用，拉应力有把吊钩拉断的趋势；在 II—II 断面上，受到拉应力的同时又受到力矩的作用，因而 II—II 断面的内侧受拉应力作用，外侧受压应力作用，根据计算，内侧拉应力比外侧压应力大 1 倍多。所以，吊钩应制成内侧厚、外侧薄。

图 7-19　吊钩的危险断面

② 吊钩的检验方法　吊钩应有出厂合格证明，在低应力区应标有额定起重量标记，如图 7-19 所示的"打印处"。

吊钩的检验：一般先用煤油洗净钩身，然后用 20 倍放大镜检查钩身是否有疲劳裂纹，特别对危险断面的检查要认真、仔细。钩身螺纹部分的退刀槽是应力集中处，要注意检查有无裂缝。对板钩还应检查衬套、销子、小孔、耳环及其他紧固件是否有松动、磨损现象。对一些大型、重型起重机的吊钩，还应采用无损探伤法检验其内部是否存在缺陷。

（2）吊钩的报废

禁止焊补吊钩，有下列情况之一，应予以报废。

① 用 20 倍放大镜观察表面有裂纹。

② 钩尾和螺纹部分等危险截面及钩筋有永久性变形。

③ 挂绳处截面磨损量超过原高度的 10%。

④ 芯轴磨损量超过其直径的 5%。

⑤ 开口度比原尺寸增加 15%。

7.3 滑轮

7.3.1 滑轮的类别、构造及报废

（1）滑轮的类别

在塔式起重机中，滑轮按用途可分为定滑轮、动滑轮、滑轮组、导向滑轮和平衡滑轮等。定滑轮的心轴固定不动，其作用是改变钢丝绳的方向，也可用作平衡滑轮和导向滑轮。动滑轮装在可移动的心轴上与定滑轮组成滑轮组，达到省力和减速、改变倍率的目的。平衡滑轮可以均衡张力，使各钢丝绳受力相同。

根据负荷大小和滑轮尺寸大小不同，滑轮分为采用灰铸铁、球墨铸铁、铸钢的铸造滑轮和钢板压模或焊接制作的滑轮。

铸造滑轮的缺点是自重大，其重量一般为同等直径的焊制滑轮重量的 1～1.5 倍。因此，采用铸造滑轮的变幅小车和臂架自重都比较大，不利于塔式起重机起重能力的提高；铸造滑轮生产工序复杂，加工制造费事费时，造价比较高。由于铸造滑轮比较笨重，在

润滑不良时，转动非常不灵活，往往钢丝绳已在运行，而滑轮却仍然不动，或者是钢丝绳已停止不动，而滑轮却因受惯性作用仍在继续转动，从而使钢丝绳加速磨损。正是由于上述原因，现在多用钢板压模或焊制而成的滑轮。

（2）滑轮的构造和尺寸

滑轮由轮缘（包括绳槽）、轮辐和轮毂组成。轮缘是承载钢丝绳的主要部位，轮辐将轮缘与轮毂连接，整个滑轮通过轮毂安装在滑轮轴上。滑轮的主要尺寸如图 7-20（轴对称图）所示。

图 7-20 滑轮几何尺寸图

图中各符号意义如下。

D_o——计算直径，按钢丝绳中心计算的滑轮卷绕直径，mm；

R——绳槽半径，保证钢丝绳与绳槽有足够的接触面积，R =（0.525～0.650）d，d 为钢丝绳直径，mm；

β——钢槽侧夹角，钢丝绳穿绕上下滑轮时，允许与滑轮轴线有一定偏斜，一般 $\beta=35°\sim40°$；

C——绳槽深度，其足够的深度防止钢丝绳跳槽，mm；

D——滑轮绳槽直径，mm；

B——轮毂厚度，mm。

其中，D_o 为影响钢丝绳寿命的关键尺寸。按钢丝绳中心计算的滑轮及卷筒最小直径可接下式确定

$$D_{omin} = K_n d_k$$

式中　D_{omin}——按钢丝绳中心计算的滑轮或卷筒的最小卷绕直径，mm；

　　　K_n——起升机钩工作级别和钢丝绳结构有关的系数，按表 7-11 选用；

　　　d_k——钢丝绳直径，mm。

平衡滑轮的计算直径不小于 $0.6D_{omin}$。

表 7-11 K_n 数值表

机构工作级别	卷筒 K_n		滑轮 K_n	
	普通钢丝绳	不扭转钢丝绳	普通钢丝绳	不扭转铜丝绳
M1～M3	14	16	16	18
M4	16	18	18	20
M5	18	20	20	22.4
M6	20	22.4	22.4	25

（3）滑轮的报废

滑轮出现下列情况之一，应予以报废。

① 裂纹和轮缘破损。

② 滑轮绳槽壁厚磨损量达原壁厚的 20%。

③ 滑轮底槽的磨损量超过相应钢丝绳直径的 25%。

当滑轮轴轴颈磨损量超过原轴颈的 2%时，应更换滑轮轴或予以修复；当轴承间隙超过 0.20mm 时应更换轴承。

7.3.2 滑轮组

（1）滑轮组的种类

钢丝绳依次绕过若干定滑轮和动滑轮组成的装置称为滑轮组。滑轮组按构造形式，分为单联滑轮组（图 7-21）和双联滑轮组（图 7-22）。双联滑轮组用于桥式起重机中，在建筑施工塔式起重机和工程起重机中一般则采用带有导向滑轮的单联滑轮组。

图 7-21 单联滑轮组　　　图 7-22 双联滑轮组　　图 7-23 增速滑轮组

1—动滑轮；2—定滑轮；　　1—动滑轮；2—均衡滑轮；

3—卷筒；　　　　　　　　　　3—卷筒；

滑轮组按工作原理分为省力滑轮组（图 7-21、图 7-22）、增速滑轮组（图 7-23）。起升机构和钢丝绳变幅机构所用的都是省力滑轮组，可用较小的拉力吊起较重的构件和重物。

（2）滑轮组的倍率

省力滑轮组省力的倍数称为滑轮组的倍率，也称为走数。倍率等于动滑轮上钢丝绳的有效分支数与引入卷筒的绳头数之比。对于单联滑轮组，倍率即钢丝绳承载分支数。起升机构的起重能力按倍率提高的同时使起升速度按倍率降低，从而满足起重安装不同情况的要求。

（3）滑轮组倍率的转换

滑轮组倍率转换方式主要有两种，一种是单小车转换倍率，另一种是双小车转换倍率。单小车转换倍率又有自动与人工之分。

① 滑轮组倍率的自动转换 滑轮组倍率的自动转换全程均由塔式起重机驾驶员在驾驶室内操纵电钮控制，无须借助人力操作。

图 7-24 所示为 F0/23B 塔式起重机采用的单小车转换倍率方式的示意图。采用单小车转换倍率的吊钩滑轮组由上部活动滑轮 1 和下部双滑轮吊钩组 2 构成。当上部活动滑轮 1 通过，自身锁紧装置紧固在变幅小车结构上时，塔式起重机使用下部双滑轮吊钩组 2 以 2 倍率进行工作，如图 7-24（a）所示。在倍率由 2 转换为 4 时，先使下部双滑轮吊钩组 2 向上升起至变幅小车近处，再通过连接夹

(a)　　　　　　　(b)　　　　　　　(c)

图 7-24 F0/23B 采用的单小车自动转换倍率方式（2 变 4）
1—上部活动滑轮；2—下部双滑轮吊钩组；3—开孔；
4—锁头；5—连接销轴；6—连接夹板；7—铰轴

板 6 导向而使上部活动滑轮 1 经由连接销轴 5 与下部双滑轮吊钩组 2 连成一体，上部活动滑轮 1 脱离与变幅小车的接触，塔式起重机则以 4 倍率工作，如图 7-24（c）所示。

另一种单小车自动转换倍率的方式如图 7-25 所示，通过卡板 3 和卡销 2 的卡紧与脱离作用加以实现的。其特点是：构造简单、动作直观、可靠性好、重量较轻，并且全部滑轮均处于一个平面之内，有助于排除起升钢丝绳扭转的可能性。

转换倍率应在小车位于臂架根部并且空负荷时进行。双滑轮吊钩应以低速升起与位于变幅小车上的上部滑轮搭合。

图 7-25　卡板、卡销式倍率自动转换系统工作方式及构造示意图
1—变幅小车滑轮；2—卡销；3—卡板；
4—活动滑轮（倍率转换滑轮）；5—双附轮吊钩组

②滑轮组倍率的人工转换　如图 7-26 所示，上部活动滑轮紧附在变幅小车结构上时，仅双滑轮吊钩组运行，此时倍率为 2。倍率由 2 转换为 4 时，先使双滑轮吊钩组降落到地面上，然后继续开动起升机构"下降"，令活动滑轮离开变幅小车而下落到双滑轮吊钩组处，然后用连接销轴将活动滑轮与双滑轮吊钩组连接成一体，此时便可以 4 倍率进行吊运作业。

③双变幅小车吊钩滑轮组倍率的转换　有些塔式起重机配用两台变幅小车，通常以一台"主"小车配用一套滑轮吊钩组（单滑轮式或双滑轮式）以 2 倍率工作，而另一台"副"小车则停置于臂架根部备用。当需要起吊大重量物件改 2 倍率为 4 倍率时，就使外部

(a) 双滑轮吊钩组倍率的2变4   (b) 单滑轮吊钩组倍率的2变4

图 7-26   单滑轮及双滑轮吊钩滑轮组倍率人工转换

的"主"小车驶向臂架根部，并开动起升机构"下降"，令吊钩滑
轮组空载下落至地面。随后再开动位于臂根的"副"小车，使之与
外部的"主"小车靠拢，连接成一体并将其吊钩滑轮组落至地面，
通过连接件使前后两套吊钩滑轮组也连成一体，这样组合后的吊钩
滑轮系统便完成由倍率由 2 到 4 的转换，以 4 倍率进行工作。双小
车单滑轮吊钩组倍率 2 变 4 过程如图 7-27 所示。

图 7-27   双小车单滑轮吊钩组倍率 2 变 4 示意图
1—停置于臂架根部"副"小车的滑轮；2—"主"小车吊钩滑轮组；
A—停置于臂架根部"副"小车；B—"主"小车

采用双小车倍率转换系统的主要优点是：简化变幅小车和吊钩滑轮组的构造，并减轻其重量，从而可以减轻臂架负荷，并提高臂架的有效起重量。

7.4 卷筒

卷筒用以收放钢丝绳，把原动机的驱动力传递给钢丝绳，并将原动机的回转运动变为钢丝绳的直线运动。

7.4.1 卷筒的种类

塔式起重机中主要采用圆柱形卷筒。按钢丝绳在卷筒上的卷绕层数，可分为单层绕卷筒和多层绕卷筒。按卷筒的制作一般可分为铸造卷筒（图 7-28）和焊接卷筒（图 7-29）。铸造卷筒一般采用灰铸铁或球墨铸铁铸造，也可采用铸钢，但铸钢卷筒工艺复杂，成本较高。焊接卷筒用钢板焊接而成，可大大减轻重量，在卷筒尺寸较大和单件生产时采用尤为有利。

图 7-28 铸造卷筒

图 7-29 焊接卷筒

单层绕卷筒表面通常切有螺旋形绳槽。绳槽节距比钢丝绳直径稍大，绳槽半径也比钢丝绳半径稍大，这样既增加了钢丝绳与卷筒的接触面积，又可防止相邻钢丝绳间相互摩擦，从而提高了钢丝绳的使用寿命。绳槽的尺寸已有标准，可参阅有关手册。

多层绕卷筒容绳量大，采用尺寸较小的多层绕卷筒，对于减小机械构件尺寸是很有利的。但多层卷绕的钢丝绳所受的挤压力大，互相之间的摩擦力也大，使钢丝绳寿命降低。多层绕卷筒的表面一般制成光面，也可制成螺旋绳槽。

卷筒的结构尺寸中，影响钢丝绳寿命的关键尺寸是卷筒的计算直径，按钢丝绳中心计算的卷筒允许的最小卷绕直径必须满足

$$D_{omin} = K_n d_k \qquad (7\text{-}3)$$

式中　D_{omin}——最小卷筒直径，mm；

　　　K_n——系数；

　　　d_k——钢丝绳直径，mm。

7.4.2　卷筒上固定钢丝绳的方法

钢丝绳在卷筒上的固定应保证工作安全可靠，便于检查和更换钢丝绳，并且在固定处不应使钢丝绳过分弯折。

常用的固定方法有螺钉压板固定、楔形块固定和长板条固定。

① 螺钉压板固定　钢丝绳端用螺钉压板固定在卷筒外表面如图 7-30（a）所示。压板上刻有梯形的或圆形的槽。对于不同的最大工作拉力下相应的钢丝绳直径所采用的螺钉及压板（压板的数量

(a) 螺钉压板固定

(b) 楔形块固定

(c) 长板条固定

图 7-30　钢丝绳在卷筒上的固定方法

不得少于 2 个），已有标准，可查阅有关手册。

② 楔形块固定　钢丝绳绕在楔形块上打入卷筒特制的楔孔内固定，如图 7-30 （b）所示。楔形块的斜度一般为 1：4～1：5，以满足自锁条件。

③ 长板条固定　钢丝绳引入卷筒特制的槽内用螺钉和压板固定，如图 7-30 （c）所示。

7.4.3　卷筒的安全使用和报废

（1）卷筒的安全使用

① 钢丝绳允许偏斜角　钢丝绳在卷筒上绕进或绕出时总是沿卷筒做轴向移动，因而钢丝绳的中心线相对卷筒绳槽中心线产生了偏斜角度。如果偏斜角度过大，对于绳槽卷筒，钢丝绳会碰擦其槽口，引起钢丝绳擦伤及槽口损坏，甚至脱槽；对于光卷筒，则将使钢丝绳不能均匀排列而产生乱绳现象。因此，对于偏斜角度应加以限制。钢丝绳绕进或绕出卷筒时，钢丝绳偏离螺旋槽两侧的角度应不大于 5°；对于光卷筒和多层缠绕卷筒，钢丝绳偏离与卷筒轴垂直平面的角度应不大于 2°。

② 卷筒上的固定装置　卷筒上钢丝绳尾端的固定装置，应有防松或自紧的性能。对钢丝绳尾端的固定情况，应每月检查一次。在使用的任何状态，必须保证钢丝绳在卷筒上保留不少于 3 圈的安全圈，也称为减载圈。在一定范围内钢丝绳尾的圈数保留得越多，绳尾的压板或楔块的受力就越小，也就越安全。如果取物装置在吊载情况的下极限位置过低，卷筒上剩余的钢丝绳圈数少于设计的安全圈数，就会造成钢丝绳尾受力超过压板或楔块的压紧力，从而导致钢丝绳拉脱，重物坠落。

③ 卷筒上的防护措施　卷筒筒体两端部有凸缘，以防止钢丝绳滑出。筒体端部凸缘超过最外层钢丝绳的高度应不小于钢丝绳直径的 2 倍。

（2）卷筒的报废

卷筒出现下述情况之一的，应予以报废：

① 裂纹或凸缘破损。

② 卷筒壁磨损量达原壁厚的 10%。

7.5 吊具、索具

7.5.1 卡环

(1) 卡环的分类

卡环又称卸扣，是用来固定和扣紧吊索的。起重用卡环按其形状分为D形卡环（代号为D）和弓形卡环（代号为B）两种形式，如图7-31所示。卡环销轴的形式如图7-32所示，分为下列几种：W形，带环眼和台肩的螺纹销轴；X形，六角头螺栓、六角螺母和开口销；Y形，沉头螺钉；Z形，在不削弱卡环强度的情况下采用的其他形式的销轴。

(2) 卡环使用的注意事项

① 卡环必须是锻造的　一般是用20钢锻造后经过热处理而制成，以消除残余应力和增加其韧性。不能使用铸造和补焊的卡环。

(a) D形卡环　　　　　　　(b) B形卡环

图 7-31　卡环

(a) W形，带有环眼和台肩的螺纹销轴

(b) X形，六角头螺栓、六角螺母和开口销

(c) Y形，沉头螺钉

图 7-32　卡环销轴的几种形式

② 使用时不得超过规定的荷载 应使销轴与扣顶受力,不能横向受力。横向使用会造成扣体变形。

③ 吊装时使用卡环绑扎 在吊物起吊时应使扣顶在上,销轴在下,如图 7-31 所示。绳扣受力后压紧销轴,销轴因受力,在销孔中产生摩擦力,使销轴不易脱出。

④ 不得从高处往下抛掷卡环 以防止卡环落地碰撞而变形和内部产生损伤及裂纹。

⑤ 使用中应经常检查销轴和扣体 发现严重磨损变形或疲劳裂纹时,应及时更换。

(3) 卡环的许用荷载

卡环的基本参数和许用荷载可参照表 7-12。

表 7-12　卡环的基本参数和许用荷载　　　　　　mm

卡环号	钢丝绳最大直径/mm	许用载荷/N	D	H_1	H	L	理论质量/kg
0.2	4.7	2000	15	49	35	35	0.039
0.3	6.5	3300	19	63	45	44	0.089
0.5	8.5	5000	23	72	50	55	0.162
0.9	9.5	9300	29	87	60	65	0.304
1.4	13	14500	38	115	80	86	0.616
2.1	15	21000	46	133	90	101	1.145
2.7	17.5	27000	48	146	100	111	1.560
3.3	19.5	33000	58	163	110	123	2.210
4.1	22	41000	66	180	120	137	3.115
4.9	26	49000	72	196	130	153	4.050
6.8	28	68000	77	225	150	176	6.270
9.0	31	90000	87	256	170	197	9.280
10.7	34	107000	97	284	190	218	12.400
16.0	43.5	160000	117	346	235	262	20.900

注:D、H_1、H、L 如图 7-31 (a) 所示。

施工现场吊装作业时，常常根据卡环的扣顶弯曲处和销轴的直径来估算卡环的许用荷载，其估算公式为

$$[P] = 45(\frac{d_1 + d}{2})^2 \tag{7-4}$$

式中　$[P]$——卡环的许用荷载，N；

　　　d_1——卡环弯曲处直径，mm；

　　　d——横销直径，mm。

7.5.2　吊索

吊索一般用钢丝绳制成，主要用于绑扎构件以便起吊。

(1) 吊索的种类

吊索的种类大致可分为：可调捆绑式吊索、无接头吊索、压制吊索和插编吊索，如图 7-33 所示。还有一种是一、二、三、四腿钢丝绳钩成套吊索，如图 7-34 所示。

(a) 可调捆绑式吊索　(b) 无接头吊索　(c) 压制吊索　(d) 插编吊索

图 7-33　吊索

图 7-34　一、二、三、四腿钢丝绳钩成套吊索

（2）吊索钢丝绳拉力的计算

吊同样重的物件，吊索钢丝绳间的夹角不同，单根钢丝绳所受的拉力是不同的。一般用若干根钢丝绳吊装某一物体，如图 7-35 所示，由下式计算钢丝绳的承受力

$$P = \frac{Q}{n} \times \frac{1}{\cos\alpha} \qquad (7-5)$$

如果以 $K_1 = \dfrac{1}{\cos\alpha}$ 并考虑到动荷载和若干根钢丝绳的荷载分配不均问题，则单根钢丝绳的承受力为

$$P = K_1 K_2 K_3 \frac{Q}{n} \qquad (7-6)$$

图 7-35　吊索吊装示意图

式中　P——钢丝绳的承受力；

　　　Q——吊物重量；

　　　n——钢丝绳的根数；

　　　α——吊索钢丝绳分支与铅垂线的夹角；

　　　K_1——随钢丝绳与铅垂线夹角 α 变化的系数，见表 7-13；

　　　K_2——动荷载系数，一般 $K_2 = 1.1$；

　　　K_3——荷载分配不均系数，一般 $K_3 = 1.2 \sim 1.3$。

表 7-13　随 α 角度变化的 K_1 值

α	0°	15°	20°	25°	30°	35°	40°	45°	50°	60°
K_1	1	1.035	1.064	1.103	1.154	1.221	1.305	1.414	1.555	2

忽略动荷载系数 K_2 和荷载分配不均系数 K_3 的影响，吊索钢丝绳间的夹角分别为 0°、60°、90°、120°、170°时，吊索分支拉力的计算数据如图 7-36 所示。

在吊装作业中，对吊索钢丝绳的使用应特别注意以下问题。

① 如图 7-36 所示，吊索钢丝绳间的夹角越大，单根吊绳的受力也越大；反之，吊索钢丝绳间的夹角越小，单根吊绳的受力也越小。吊绳间夹角最好小于 60°。

② 如图 7-36 所示，捆绑方形物体起吊时，吊绳间的夹角有可能达到 1700 左右。此时，单根吊绳受到的拉力会达到所吊物体重量的 5～6 倍，吊绳很容易被拉断，危险性很大。因此 120°可以看成是起重吊运中的极限角度。在吊装作业中，一般应使吊绳间的夹角在 90°以内。另外，夹角过大，还容易造成脱钩。

图 7-36　吊索分支拉力计算数据图示

③ 绑扎时吊索的捆绑方式也影响其安全起重量。在进行绑扎吊索的强度计算时，其安全系数应取大一些，见表 7-9，并在计算吊索钢丝绳拉力和确定钢丝绳的直径时，钢丝绳的根数应按图7-37所示进行折算。

(a) 折合1.4根绳受拉　　(b) 折合1.5根绳受拉　　(c) 折合0.7根绳受拉

图 7-37　捆绑绳的折算

④ 钢丝绳的起重能力不仅与起吊钢丝绳之间的夹角有关，而且与捆绑时钢丝绳曲率半径有关。如图 7-38 所示，一般钢丝绳的曲率半径大于绳径 6 倍以上，起重能力不受影响。当曲率半径等于绳径的 4～5 倍时，起重能力降至原起重能力的 85%；当曲率半径等于绳径的 3～4 倍时，降全 80%；等于 2～3 倍时降至 75%；等

于 1～2 倍时降至 65%；等于 1 倍以下时降至 50%。

图 7-38　起吊钢丝绳的起重能力与其曲率半径的关系

7.6　高强度螺栓

　　高强度螺栓是连接塔式起重机结构件的重要零件。高强度螺栓副应符合 GB/T 3098.1—2000 和 GB/T 3098.2—2000 的规定，并应有性能等级符合标识及合格证书。塔身标准节、回转支承等类似受力连接用高强度螺栓应提供荷载合格证明。

7.6.1　高强度螺栓的等级、分类和连接方式

　　高强度螺栓按强度可分为 8.8、9.8、10.9 和 12.9 四个等级，直径一般为 12～42mm。

　　高强度螺栓连接按受力状态可分为抗剪螺栓连接和抗拉螺栓连接。

　　塔身标准节的螺栓连接方式主要有连接套式和铰制孔式，如图7-39 所示。连接套式螺栓连接的特点是螺栓受拉，对于主弦杆由角钢、方管和圆管制作的标准节连接均可适用。螺栓本身主要受拉力，因此要求螺栓有足够的预紧力，才能保证连接的安全可靠。片式塔身标准节各片之间的连接通常采用铰制孔式螺栓，螺杆主要承受剪力，螺杆与孔壁之间为紧配合。

(a) 连接套式   (b) 铰制孔式

图 7-39　高强度螺栓连接方式

1—高强度螺栓；2—高强度螺母；3—高强度平垫圈；

4—标准节连接套；5—被连接件

7.6.2　高强度螺栓的预紧力和预紧力矩

高强度螺栓的预紧力和预紧力矩是保证螺栓连接质量的重要指标，它综合体现了螺栓、螺母和垫圈组合的安装质量，所以安装人员在塔式起重机安装、顶升升节时，必须严格按相关塔式起重机使用说明书中规定的预紧力矩数值拧紧。常用的高强度螺栓预紧力和预紧力矩见表 7-14。

表 7-14　常用的高强度螺栓预紧力和预紧力矩

螺栓性能等级			8.8			9.8			10.9		
螺栓材料屈服强度/MPa			640			720			900		
螺纹规格	公称应力截面积 A_s	螺纹最小截面积 A_K	预紧力 F_{sp}	理论预紧力矩 M_{aP}	实际使用预紧力矩 $M = 0.9M_{aP}$	预紧力 F_{sp}	理论预紧力矩 M_a	实际使用预紧力矩 $M = 0.9M_{aP}$	预紧力 F_{sP}	理论预紧力矩 M_{aP}	使用实际预紧力矩 $M = 0.9M_{aP}$
mm	mm²	mm²	N	N·m	N·m	N	N·m	N·m	N	N·m	N·m
18	192	175	88000	290	260	99000	325	292	124000	405	365
20	245	225	114000	410	370	128000	462	416	160000	580	520

螺纹规格	公称应力截面积 A_s	螺纹最小截面积 A_K	预紧力 F_{sp}	理论预紧力矩 M_{aP}	实际使用预紧力矩 $M=0.9M_{aP}$	预紧力 F_{sp}	理论预紧力矩 M_a	实际使用预紧力矩 $M=0.9M_{aP}$	预紧力 F_{sp}	理论预紧力矩 M_{aP}	使用实际预紧力矩 $M=0.9M_{aP}$
mm	mm²		N	N·m		N	N·m		N	N·m	
22	303	282	141000	550	500	158000	620	558	199000	780	700
24	353	324	164000	710	640	184000	800	720	230000	1000	900
27	459	427	215000	1050	950	242000	1180	1060	302000	1500	1350
30	561	519	262000	1450	1300	294000	1620	1460	368000	2000	1800
33	694	647	326000	由实验决定		365000	由实验决定		458000	由实验决定	
36	817	759	328000			430000			538000		
59	976	913	460000			517000			646000		
42	1120	1045	526000			590000			739000		
45	1300	1224	614000			690000			863000		
48	1470	1377	692000			778000			973000		

7.6.3 高强度螺栓的安装使用

① 安装前先对高强度螺栓进行全面检查，核对其规格、等级标志，检查螺栓、螺母及垫圈有无损坏，其连接表面应清除灰尘、油漆、油迹和锈蚀。

② 螺栓、螺母、垫圈配合使用时，必须使用平垫圈，绝不允许采用弹簧垫圈；塔身高强度螺栓必须采用双螺母防松。

③ 应使用力矩扳手或专用扳手，按使用说明书要求拧紧。

④ 高强度螺栓安装方向宜采用自下而上穿插，即螺母在上面。

⑤ 高强度螺栓、螺母使用后拆卸，再次使用一般不得超过2次。回转支承的高强度螺栓、螺母拆除后，不得重复使用，且全套高强度螺栓、螺母必须按原件的要求全部更换。

⑥ 拆下将再次使用的高强度螺栓、螺母，必须无任何损伤、变形、滑牙、缺牙、锈蚀及螺纹表面粗糙度变化较大等现象；反之，则禁止用于受力构件的连接。

7.7 制动器

由于塔式起重机有周期及间歇性的工作特点，使各个工作机构经常处于频繁启动和制动状态，制动器成为塔式起重机各机构中不可缺少的组成部分。制动器既是机构工作的控制装置，又是保证塔式起重机作业的安全装置。制动器摩擦副中的一组与固定机架相连；另一组与机构转动轴相连。其工作原理是：当摩擦副接触压紧时，产生制动作用；当摩擦副分离时，制动作用解除，机构可以运动。

制动器按工作状态一般可分为常闭式制动器和常开式制动器。

① 常闭式制动器在机构处于非工作状态时，制动器处于闭合制动状态；在机构工作时，操纵机构先行自动松开制动器。塔式起重机的起升和变幅机构均采用常闭式制动器。

② 常开式制动器平常处于松开状态，需要制动时通过机械或液压机构来完成。塔式起重机的回转机构采用常开式制动器。

7.7.1 JWZ型电磁制动器的结构及调整

JWZ-100～300型交流电磁制动器是国产塔式起重机上最常用的一种制动器，其构造如图 7-40 所示。

JWZ-100～300 电磁制动器闸瓦间隙的调整方式：将螺母④沿推杆 4 移动到制动臂上端支点处，使制动瓦张开。用调整螺母③确定两制动瓦 18 离开制动轮相同间隙。调整完毕后，将螺母④贴紧螺母③，使之不能沿推杆 4 移动。制动轮与制动瓦的间隙与制动轮直径有关，对于直径 200mm 的制动轮，最大间隙为 0.8mm，初始间隙宜为 0.5mm。直径 300mm 的制动轮间隙达到 1mm 时，必须立即调整到 0.7mm。

IWZ-100～300 型电磁制动器制动力矩的调节方式：夹住螺母③，转动推杆 4 使主弹簧有必要的压缩量，从而使弹簧力足以产生所要求的制动力矩。主弹簧调整完毕后，必须把螺母④锁紧，调整时，应注意。

图 7-40　JWZ-100～300 型交流电磁制动器

1，12，19—销轴；2—底座；3—左制动臂；4—推杆；5，27—调整螺母；
6，7—球面垫圈；8—辅助弹簧；9，17，25—垫圈；10—叉板；11—油嘴；
13—电磁铁；14—右制动臂；15，23，26，28—螺栓；16，24，29—螺母；
18—制动瓦；20—螺钉；21—顶定头；22—弹簧；30—固定垫；
31—主弹簧；32—拉板掌握弹簧压缩量

7.7.2　YWZ 型液压推杆制动器的结构及调整

　　YWZ 型液压推杆制动器常用的是 YWZ-150、YWZ-200、YWZ-250 和 YWZ-300 四种，其制动轮直径分别为 150mm、200mm、250mm 及 300mm，其构造如图 7-41 所示。

　　液压推杆制动器的闸瓦在弹簧 9 作用下抱住制动轮 7。当重物起升时，电力液压推动器 1 的电动机和起升机构电动机同时通电运转，带动液压泵工作，油压使活塞杆 2 上升。推动杠杆板 3，使推杆 4 移动，促使闸瓦松开。起升停止时，电力液压推动器 1 的电动机停转，液压泵停止工作，活塞杆 2 在弹簧 9 的作用下落下来，推杆 4 回复到原位，闸瓦又重新抱紧制动轮而制动。

通过调整推杆 4 的长度，可使闸瓦间隙得到调整，合适的间隙为 0.3～0.5mm。调整螺钉 10 可保证左、右闸瓦间隙保持均匀。

液压推动器一般用 20 号机油，0～20℃时用 10 号变压器油，严寒地区用 25 号变压器油。

闸瓦摩擦面必须保持清洁，不得有油污。

图 7-41 YWZ 型液压推杆制动器
1—电力液压推动器；2—活塞杆；3—杠杆板；4—推杆；5—制动臂；
6—闸瓦；7—制动轮；8—底座；9—弹簧；10—调整螺钉

7.7.3 YDWZ 型液压电磁制动器的结构及调整

YDWZ 型液压电磁制动器，主要由制动器和液控电磁铁两部分组成，构造如图 7-42 所示。间隙调整装置 18 又称松闸间隙均衡装置，设于左、右制动臂 10、17 的外侧，由连接板、螺栓、压片、管及弹簧组成。通过调节螺栓可使弹簧长度得到调整，并使弹簧作用于左、右制动臂 10、17 上的力矩相等。当液压电磁铁 1 吸合，打开制动器架时，在两个相等力矩反作用下，左、右制动臂 10、17 乃各自向外侧转动一相等角度，使左、右制动瓦 13、16 打开的间隙相等。

这种液压电磁制动器的制动力矩可按下述方式进行调整：借助螺母松开拉杆 11，拧动拉杆 11 尾部的方夹，以压缩制动弹簧 9 使弹簧座 6 位于 U 形弹簧架 8 侧面两条刻线之间，即可保证该制动

图 7-42 YDWZ 型液压电磁制动器

1—液压电磁铁；2—推杆；3—杠杆；4，5—销轴；6—弹簧座；7，11—拉杆；
8—U 形弹簧架；9—制动弹簧；10—左制动臂；12—制动瓦闸衬；
13，16—制动瓦；14—制动轮；15—底座；17—右制动臂；18—调整装置

器的额定制动力矩。调定后，将螺母拧紧，以防止其制动松动。

检查调整制动器间隙时，应注意检查制动带的磨损情况，磨损量不得超过带厚的 1/2，铆合制动带的铆钉头不得外露。液压缸内液压油要保持清洁，一般用 DB-25 号变压器油，每半年换油一次。注油操作应缓慢，注油后应打开放气塞，以排尽缸内空气。

7.7.4 回转制动器的结构及调整

这种制动器的外形和构造如图 7-43 所示，其特点是利用弹簧作用抱闸，借电磁铁作用松闸，另有手动操纵偏心杆松闸装置。

切断塔式起重机电源，回转机构电磁铁失去作用，弹簧张力使制动瓦抱紧制动轮。恢复塔式起重机供电，回转机构接电后，制动器电磁铁通电松闸。调整止动螺钉 11，使两制动瓦相等地放松（即两侧间隙相等，约 0.6mm）。s 为螺钉与制动臂之间的间隙（0.1～0.3mm）。

图 7-43　回转制动器的外形和构造

1—手动松间操纵杆（工作状态时位置）；

2—手动松闸操纵杆（非工作状态时的位置）；

3—螺钉；4—组装距离；5—弹簧长度；6，9—锁紧螺母；

7，8—调整螺母；10—制动瓦；11—止动螺钉；

a—有效间隙；b—备用间隙；c—总间隙；s—调整间隙

使用过程中，若发现图 7-43 所示的组装距离 4 减小到 1mm 左右时，应立即调整回转机构制动器的制动力矩。旋松锁紧螺母 6 及调整螺母 7，通过调整螺母 7 张拉螺杆，使螺钉 3 从松闸磁铁中拉出相当组装距离的长度（12mm）；最后旋紧锁紧螺母 6。旋松锁紧螺母 9 及调整螺母 8，使弹簧张开到自然的弹簧长度 5，然后旋紧锁紧螺母及调整螺母。

电磁控制的回转制动器制动效果只能通过制动时间的测定结果得出适当评价。测试时，小车处于最大幅度，吊钩空载起升到高处。

如一台塔式起重机装 2 套回转机构时，应分别逐台单独测试各回转机构的制动时间。如测试时有风，应测定 2 次，即一次为顺风制动时间，一次为逆风制动时间。测试时，必须先使回转速度逐挡加速到全速回转，然后切断电源制动。在测试某台回转机构制动时间时，其他回转机构均应处于松闸状态。德 SK280 自升式塔式起重机回转制动时间见表 7-15。

表 7-15　德 SK280 自升式塔式起重机回转制动时间

最大幅度/m	57.6	43.4		55.0	60.8
回转制动器数量	1	1	2	2	2
回转制动时间/s	5.5	6.5	7.2	8.3	9.2

7.7.5　带随风转装置的回转制动器的调整

法国 POTAIN 公司 F0/23B 及 H3/36B 型塔式起重机等都装有带随风转装置的回转制动器。如图 7-44 所示，制动器部分主要由制动片座 1、压紧弹簧 4、活动衔铁 2 及电枢 3 等组成。活动衔铁 2 刚性固定在制动片座 1 上。工作时，电枢 3 通电吸住活动衔铁 2 及制动片座 1，制动片与回转机构电磁离合器钟罩部件 18 脱离接触，臂架自由转动，如图 7-44（a）所示。切断电枢 3 电源时，活动衔铁 2 及制动片座 1 便与电枢 3 脱开，而在弹簧的推压下紧抵离合器的钟罩部件 18，使臂架停止转动，如图 7-44（b）所示。

随风转自动系统的工作过程是：工作班结束时，压下随风转按钮 "A"，如图 7-44（c）所示，电枢 3 及电磁铁 11 使分别接通电压为 20V 的直流电。电枢吸住活动衔铁 2 及制动片座 1，并进而推动松闸杆 8；通过止动螺母 7、调节板 10 和弹簧片 6 也可进行相同的动作。电磁铁 11 吸引扳机 14，并压下微动开关 12。这时，随风转信号灯 "B" 点亮。切断电枢 3 的电源后，电磁铁 11 仍能短时带电工作。电枢 3 断电后，活动衔铁 2、制动片座 1 及松闸杆 8 处于弹簧 4 的压力之下。由于止动螺母 7 的作用，调节板 10 抵住扳机 14 之后，制动片座 1 即停止运动。

松开随风转按钮 "A" 后，电磁铁的电源断开。但是，在控制杆 13 的压力下，扳机 14 仍处于被吸住位置。此后，电控柜上的随风转信号灯"B"一直点亮，表明随风转装置有效，起重臂可随风回转，如图7-44（c）所示。切断电源后，信号灯"B"熄灭。当塔吊驾驶员开始工作后，随风转装置便又自动松闸。

(a) 制动器松开   (b) 制动器闭紧

(c) 随风转装置

图 7-44　带随风转装置的回转制动器

1—制动片座；2—活动衔铁；3—电枢；4—压紧弹簧；5—外壳；
6—弹簧片；7—止动螺母；8—松闸杆；9—端盖；10—调节板；
11—电磁铁；12—微动开关；13—控制杆；14—扳机；15—凸轮；
16—拉簧；17—定位螺栓；18—钟罩部件；19—电控柜

如果随风转自动系统失效，可按图7-45所示进行手动操纵。

图 7-45　F0/23B 型塔式起重机回转机构随风转装置手动松闸操纵系统示意图
1—操纵柄；2—松闸杆；3—扳机；4—调节板

如图 7-44（c）所示，活动衔铁 2 与电枢 3 之间的间隙 E 约为 0.6mm，其调整方式如下：先旋松定位螺栓 17，借助螺钉旋具使活动衔铁 2 完全与电枢 3 相接；然后重新穿上定位螺栓 17，使活动衔铁 2 上相对应的 3 个螺栓孔对正，拧紧螺栓，直至间隙 E 达到 0.6mm。

随风转装置的调节方法是：如图 7-44 所示，首先卸下端盖 9，利用套筒扳手旋松止动螺母 7，直至松闸杆 8 能不费力地操纵为止。

（1）在制动器电源接通情况下，随风转装置调整程序

① 接下左转或右转的控制开关，使电枢 3 得到脉冲电流。

② 旋紧止动螺母 7，直至调节板 10 抵住扳机 14。

③ 在调节板 10 的压力下，扳机 14 必须维持不动。

④ 轻微旋松螺母 7，直至扳机 14 在拉簧（回动弹簧）16 作用下回复到初始静止位置。

⑤ 确信扳机 14 不与调节板 10 粘连，并能自由绕铰点转动，否则必须继续旋松止动螺母 7。

在随风转装置经过适当调整之后，应仔细检查电磁离合器钟罩部件 18 的自由转动情况，如符合要求，再合上端盖 9。

（2）在制动器电源断开情况下，随风转装置的调整程序

① 接下向左转或向右转的控制开关，使电枢 3 得到一脉冲电流。

② 旋紧止动螺母 7（螺距为 1.5mm）约旋紧 1/3 圈，使随风转装置发挥效用。

③ 核查电磁离合器钟罩部件 18 的自由转动情况是否灵活。

④ 重新合上端盖 9。

应当注意，在检修制动器之后（如更换了制动器的一些零部件，或调整了间隙 E），必须对随风转装置进行相应的调整。当制动片磨损或操纵柄在制动位置处无间隙时，必须及时调整随风转装置。如随风转信号灯不亮，也必须查明情况，并进行适当调整。

7.7.6 盘式回转制动器的结构及调整

意大利自升式塔式起重机回转机构，多采用盘式制动器（或称片式制动器），制动器设在电动机尾部，成为电动机的一个组成部分。多盘式制动器构造如图 7-46 所示。

图 7-46 多盘式制动器

1—轴；2—固定圆盘；3—导杆；4—外壳；5—旋转盘；

6—弹簧；7—压盖；8—电磁铁

图 7-47 所示为单盘式制动器，主要由电磁铁 7、制动盘 8、定位螺栓 5 及活动衔铁 6 等组成。活动衔铁 6 固定在制动盘 8 的座套上，制动盘可沿电动机外壳 10 的导向槽滑移。制动盘 8 与电动机风扇叶片 11 相对的表面贴有摩擦制动片。回转机构通电时，电磁铁 7 通电吸住活动衔铁 6，由于活动衔铁 6 紧固在制动盘 8 的座套上，使制动盘被迫向电磁铁移动，弹簧受压，制动盘 8 与电动机风扇叶片脱离接触，电动机轴自由转动。旋松锁紧螺母 3，压紧调整套 2，以增强对弹簧 4 的压力，便可加大制动力矩；反之，减小调整套 2 对弹簧 4 的压力，便可减小制动力矩。

图 7-47　单盘式回转制动器

1—松闸手轮；2—调整套；3—锁紧螺母；4—弹簧；5—定位螺栓；
6—活动衔铁；7—电磁铁；8—制动盘；9—制动片；10—电动机外壳；
11—电动机风扇叶片；12—电动机轴

电磁铁 7 与活动衔铁 6 之间的间隙应为 0.3mm，不得超过 0.5mm。此间隙的调整方法是：卸下端盖，取出定位螺栓 5，使活动衔铁 6 不受制约。用一把螺钉旋具拨动活动衔铁 6 外绝缘凹槽，使活动衔铁 6 与电磁铁 7 接触。重新装上定位螺栓 5 并旋进活动衔铁 6，待三孔对中后，再完全拧紧定位螺栓 5，直至间隙达到 0.3mm。

必须注意，电磁铁 7 与活动衔铁 6 之间的间隙过大，将导致制动片 9 磨损加剧。这时虽然电磁铁 7 通电，但制动片 9 并未松开，电动机仍然强制在制动状态下运行，短时间还会烧坏电动机。为此，必须经常检查此间隙，并进行适当调整。调整时，一定要以合适为度，否则制动力矩过大，将会产生猛烈制动，使结构受到损害。

制动片应保持清洁，不得沾有油污，否则应及时更换。

工作班结束后，应转动松闸手轮1，放开制动器，使臂架可随风回转。工作班开始时，必须检查松闸手轮1的正确位置，以免误操作。

7.7.7　小车行走制动器的结构和调整

如图7-48所示为德国PEINER和SK系列塔式起重机小车牵引机构用的盘式制动器。这种制动器附装在电动机尾部。

这种制动器在使用过程中，如出现制动作用过于强烈、过分软弱或因制动片磨损而使间隙太大时，均应及时调整。调试程序如下：若制动作用过于强烈，可先将弹簧定位螺杆1上的三个螺母

制动器　　　　电动机　　　　电动机　　　　　减速箱

(a) 电动机、制动器及减速箱局部示意图

1 2　3 4 5 6 7 8 9 10 11 12

S

(b) 盘式制动器的构造

图 7-48　小车牵引机构盘式制动器

1—定位螺杆；2—端罩；3—制动片；4—制动板；5—活动衔铁；6—弹簧；
7—电枢；8—调整螺母；9，11—锁紧螺母；10—电枢座板；12—固定螺母

8、9、11 各旋松半圈，然后接通电源开动电动机试运行。如制动作用仍然过分强烈，则继续将螺母旋松，直至制动平稳，力度适当。若制动作用过弱，则应先将螺母各旋紧半圈，然后试运行，并重复上述操作，直至取得满意的制动效果。

在电动机静止、电磁铁带电的情况下，电枢 7 与活动衔铁 5 之间的间隙 S 宜为 $0.8 \sim 1mm$。间隙正常时，电磁铁吸合衔铁应无振动现象。间隙 S 的调整程序如下。

① 旋松前后两个锁紧螺母 9、11，使电枢座板 10 移向锁紧螺母 11 并靠紧。

② 在增大了的间隙 S 中插入适当厚度的塞尺或厚约 $0.7mm$ 的薄铁皮。

③ 重新推回电枢座板 10，使电枢 7 与活动衔铁 5 相接近，此时，塞尺留在原插入位置不需拔出。

④ 均衡地微微旋紧锁紧螺母 9、11。

⑤ 旋紧锁紧螺母 9 并固定，检查电磁铁周边间隙是否保持一致，随后用 $0.8mm$ 厚的铁片或塞尺复核间隙 S。

电压过低会对这种盘式制动器的可靠性产生不利影响。电压下降幅度不得超过 15%，否则会导致电动机本身及制动器发生故障。

7.7.8　DPC 型小车牵引机构制动器的结构和调整

DPC 型小车牵引机构用于 F0/23B 型自升式塔式起重机。主要由三速笼型电动机、行星减速器、带绳槽的钢丝绳卷筒、制动器及限位开关组成，其构造及工作原理如图 7-49 所示。

这种小车牵引机构有高、中、低、蠕动四个速度。制动器的主要特点是有良好的温升监控和断电保护装置，可在电压下降达 20% 的情况下照常工作。制动片间隙允许达到 $3mm$ 而不需调整。

如图 7-49 所示，小车制动器由电枢、衔铁带制动片 9 及制动盘 10 等组成。电枢装在卷扬机轴承座 8 上，销栓 14 兼有定位和导向作用，衔铁带制动片 9 可顺着三根销栓滑动。

这种小车牵引机构出厂时，制动器的制动片间隙调定为 $0.8mm$。保养时，可通过检查孔用塞尺检查间隙。若间隙达到 $3.3mm$ 时，必须更换活动衔铁，因为衔铁与制动片制成一体。

在产生蠕动速度的定子绕组损坏时，必须对制动片间隙进行调

图 7-49　DPC 型小车牵引机构制动器构造示意图

1—有两个独立绕组的、采用星形连接的定子；2—笼型异步电动机；

3—行星减速器；4—减速器外壳；5—行星传动输出轴；6，7—齿圈；

8—卷扬机轴承座；9—衔铁带制动片；10—制动盘；11—蠕动速度定子绕组；

12，13—接线盒及锁止装置；14—销栓；15—小车行程限位开关；16—小齿轮

整。间隙调定范围为（0.8±0.1）mm（即 0.7～0.9mm），可通过检查孔核查。

7.7.9　RCS 起升机构制动器的调整

　　RCS 起升机构用于 F0/23B 型自升式塔式起重机，共有五种起升速度和五种下降速度，采用双电动机驱动，每台电动机各配有一套制动器。制动器装于电动机尾端，属于盘式电磁制动器，其构造及工作原理如图 7-50 所示。

　　如图 7-50 所示，制动盘 1 用键套装在电动机轴上，可在两固定摩擦盘 2、9 之间转动。摩擦盘 2 刚性固定在电动机壳上，而摩擦盘 9 则可顺着三根相间 120°的定位螺栓 3 滑移。

　　此制动器工作过程是：电磁铁 7 电源断开时，弹簧 8 立即推动摩擦盘 9，压迫制动盘 1 并使之紧抵住摩擦盘 2。摩擦盘 9 即活动衔铁盘，其上固定有环状制动片。制动片与制动盘 1 紧密压接，产生制动作用。

　　电磁铁 7 通电时，活动衔铁连同摩擦盘 9 被吸住，弹簧 8 压缩，用键套装在电动机轴上的制动盘 1 便被松开而自由转动。

图 7-50　RCS 起升机构制动器构造及工作方式示意图

1—制动盘；2，9—摩擦盘；3—定位螺栓；4—锁紧螺母；5，6—调整螺母；
7—电磁铁；8—弹簧；10—松闸手柄

松闸手柄 10 用来人工推回摩擦盘 9，使制动盘 1 可以自由转动。当施工现场突然停电或出现其他故障时，起升机构不能正常工作，可借助此松闸手柄慢慢地放松制动盘 1，使悬空的重物平稳地下落到地面上。

间隙 E［图 7-50（b）］的调整方法是：旋松调整螺母 6 及 5，调整并用塞尺检查，必须使间隙 E 等于 0.6mm。

如果电动机轴上同时用键套装有两块制动盘，并分别嵌置在三块摩擦盘中，其中一块摩擦盘固定在电动机外壳上，而另两块可顺着三根相间 120°的定位螺栓滑动。调整间隙 E 时，可按同法旋松调整螺母，间隙大小用塞尺测定，必须等于 0.8mm。

制动力矩的调整程序是：均匀地逐个调紧三个锁紧螺母 9，使弹簧适度压缩，务必使三根定位螺栓上的弹簧长度完全相等。调整后进行静载试验，试验荷载为 1.3 倍最大额定荷载，不得有溜车现象。

对制动器应经常进行清洁，水泥、砂、尘土等必须清除干净。定期检查摩擦制动盘的磨损情况，并及时更换。

第 3 篇
塔式起重机驾驶作业

第8章
塔吊的驾驶训练

操作者在使用起重机前，必须熟悉各操作要点，充分掌握基本的操作方法。如果操作不当或超出其允许的要求，不但不能发挥起重机的优越性能，反而会缩短其使用寿命，甚至会造成重大事故。所以操作者必须严格依照操作要点进行正确操作。

8.1 操纵杆功用与控制

8.1.1 操作技术的一般要求

① 塔式起重机驾驶员属于特种作业人员，必须身体健康，没有禁忌病症，自然视力在 0.7 以上，听力正常等，并经当地安全生产监督部门统一组织的专门培训、考试合格后，得到安全生产监督部门发给的特种作业操作证的人员担任。其他无证人员一律不准从事本工种作业。

② 塔式起重机驾驶员必须认真遵守安全规章制度，熟悉塔式起重机的结构、性能和起重调运指挥信号。

③ 塔式起重机驾驶员必须从专用梯子上下塔式起重机；不准从其他塔式起重机上跨越；并应禁止无关人员登上塔式起重机。

④ 在启动塔式起重机之前要察看塔式起重机上和轨道上有无人员，确认安全无疑时方准鸣铃起步。

⑤ 塔式起重机在作业时，禁止同时进行维修和维护保养。当必须维护保养和检修时，要拉闸断电并挂牌。在检修时，塔式起重机驾驶员必须和检修人员配合好，并应听从检修指挥者的指挥；还应注意在检修时不得往下扔或掉物件，以防砸伤下面的有关人员。

⑥ 在吊运中驾驶员应只听从起重指挥人员的指挥，但紧急情

况时，任何人发出的紧急停车信号都应停车。

⑦ 塔式起重机在作业时，起重指挥人员和驾驶员不准离开作业岗位。

⑧ 在每班作业前应先进行试吊，禁止超负荷吊运。吊物应走吊运路线，不准从人头上通过。

⑨ 严禁塔式起重机驾驶员酒后或精神不正常时进行作业。作业中也不得与他人闲谈或做其他动作。

8.1.2　驾驶员在作业前的准备工作

作业前交接班人员应共同对设备状况进行详细检查。交班人员如发现接班人员饮酒或精神不正常时，应及时报告领导处理。其检查内容如下。

① 检查配电盘是否拉闸断电，不允许带电检查。

② 检查各操作系统动作是否灵敏，手柄是否扳到零位。

③ 检查钢丝绳有无断股变形，在卷筒上有无串槽和重叠现象。

④ 制动器有无卡塞现象，弹簧、销轴、连接板和开口销等是否完好。

⑤ 检查滑块在滑线上接触是否良好。

⑥ 各安全防护装置是否灵敏可靠。

⑦ 吊钩转动是否灵活。

8.1.3　驾驶员在作业中的注意事项

① 要先鸣铃后起车，起车要稳，逐挡加速。

② 当班第一次吊载时应先进行试吊。

③ 在作业中如遇停电时，应把手柄全部扳到零位。

④ 在有载荷的情况下，驾驶员不准离开工作岗位；在工作间歇时，也不准将吊物悬在空中。

⑤ 有主、副钩的塔式起重机，主、副钩不应同时开动。

⑥ 使用两台塔式起重机合吊一个重物时的要求和注意事项。

⑦ 在作业时，禁止在任何部位上载人运行，或其他人员上、下塔式起重机。

⑧ 在作业时，驾驶员应严格遵守塔式起重机机械作业的"十不吊"。

a. 超过额定负荷、歪拉斜挂不吊。

b. 指挥信号不明、重量不清、光线暗淡不吊。

c. 吊索和附件捆缚不牢，不符合安全要求不吊。

d. 行车吊挂重物直接进行加工时不吊。

e. 塔式起重机械的安全装置失灵时不吊。

f. 工件上站人或工件上有浮动物的不吊。

g. 氧气瓶、乙炔瓶等具有爆炸性的物品不吊。

h. 带有棱角、缺口未垫好的不吊。

i. 埋在地下的物件不吊。

j. 干部违章指挥不吊。

⑨ 驾驶员在作业时应遵守下列要求。

a. 不准利用极限位置的限位器进行停车。

b. 不准在有载荷的情况下，调整起升制动器。

c. 不准进行检查和维修。

d. 对无反接制动性能的塔式起重机，除特殊情况外，不准利用打反车进行制动。

⑩ 载荷达到或接近额定能力时，在未检查制动和进行试吊前，不应进行吊运作业。

⑪ 在吊运时如遇有多人挂钩，应只听起重指挥人员的指挥。

⑫ 驾驶员在作业中如遇有下列情况之一时，应发出信号（鸣铃）。

a. 起吊重物、落下重物和开动大、小车时。

b. 塔式起重机从视界不清处通过时（要连续鸣铃）。

c. 在同轨道上接近跨内另一台塔式起重机时。

d. 吊运重物接近人员时。

e. 有其他紧急情况时。

8.1.4　驾驶员在作业结束后的工作

① 把吊钩升起、小车开到主梁的一端，把大车开到指定地点。

② 把所有控制手柄扳回零位。

③ 切断电源。

④ 将塔式起重机清扫或擦拭干净。

⑤ 按规定进行润滑和维护保养。

8.1.5 塔吊的基本操作方法

塔式起重机的操作控制台有转换开关控制和联动台控制两种形式。联动台控制是目前新一代塔式起重机上广泛采用的控制装置。

如图 8-1 所示，现以 F0/23B 塔式起重机的联动台式控制台为例，介绍控制台的操作方法。

（1）操作方法

① 操作控制起升机构　握住右联动操纵杆前推或后拉，可控制吊钩上升或下降。

图 8-1　F0/23B 塔式起重机联动式控制台示意图

1—鸣铃按钮；2—断电开关；3—指示灯；4—变速按钮；5—回转制动按钮

② 操作控制大车行走机构　握住右联动操纵杆向左右摆动，可控制大车前进或后退。

③ 操作控制变幅机构　握住左联动操纵杆前推或后拉，可控制小车前行或后退。

④ 操作控制回转机构　握住左联动操纵杆左右摆动，可控制

臂架左右转动。

⑤ 复合动作　左右联动操纵杆可单独或同时控制不同工作机构动作。

⑥ 改变工作速度　随着联动操纵杆移动量的增大或减小，相应工作机构电动机的转速也相应地加快或减慢。

⑦ 切断电源　右联动操纵杆的联动台面上一般都附装一个紧急安全按钮，压下该按钮，便可将电源切断。

⑧ 回转制动　左联动操纵杆的联动台面上还附装一个回转制动器控制按钮，通过该按钮可对回转机构进行制动。

⑨ 自动复位　塔式起重机联动控制台均具有自动复位功能（老旧塔式起重机则没有自动复位功能）。

（2）操作注意事项

① 当需要反向运动时，必须将手柄逐挡扳回零位，等机构停稳后，再反向运行。

② 回转机构的阻力负载变化范围极大，回转起、止时惯性也大，要注意保证回转机构起、止平稳，减小晃动，严禁打反转。

③ 操作时，用力不要过猛，操作力应不超过100N。推荐采用以下值：对于联动操纵杆左右方向的操作，控制在5～40N之间；对于前后方向的操作，控制在8～60N之间。

④ 可单独操作一个机构，也可同时操作两个机构，视需要而定。在较长时间不操作或停止作业时，应按下停止按钮，切断总电源，防止误动作。遇到紧急情况，也可按下停止按钮，迅速切断电源。

8.2 塔吊吊物训练

8.2.1　起重吊点的选择

在吊装各种物体时，为避免物体的倾斜、翻倒、转动，应根据物体的形状特点、重心位置，正确选择起重吊点，使物体在吊运过程中有足够的稳定性，以免发生事故。

（1）物体的稳定

起重吊运作业中，物体的稳定应从两方面考虑。

① 物体放置时应保证有可靠的稳定性，如图8-2所示。

图 8-2 放置物体时的稳定性

放置物体时存在支承面的平衡稳定问题。图 8-3 所示为，长方形物体放置时的四种状态。

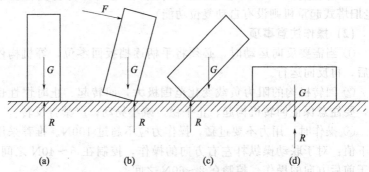

图 8-3 长方形物体放置时的四种状态

长方形物体在图 8-3（a）所示的状态时，重力 G 作用线通过物体重心与支反力 R 处于平衡状态；在图 8-3（b）所示的状态时，在 F 力的作用下，稍有倾斜，但重力 G 的作用线未超过支承面，此时三个力形成平衡状态，如果去掉 F 力，物体就会恢复到原来位置；在图 8-3（c）所示的状态时，物体倾斜到重力 G 作用线超过支承边缘支反力 R 时，即使不再施加 F 力，物体也会在重力 G 与支反力 R 形成的力矩作用下倾倒，即失稳状态。由此可见，要使原来处于稳定平衡状态的物体，在重力作用下翻倒，必须使物体的重力作用线超出支承面；如果将物体改为平放，见图 8-3（d），其重心降低了很多，再使其翻倒就不容易了，这说明加大重物的支承面积，降低重物的重心，能有效提高物体的稳定性。

② 物体吊运过程中应有可靠的稳定性。吊运物体时，为防止

提升、运输过程中物体发生翻转、摆动、倾斜，应使吊点和被吊物重心在同一条铅垂线上，如图8-4所示。

图 8-4　物体吊运时的稳定性

流动式起重机保持稳定的条件（图 8-5）

$$G'a > Gb$$

式中　G'——起重机的自重载荷，N；

　　　a——起重机的自重载荷到支承边的距离，m；

　　　G——起重机的起吊载荷，N；

　　　b——起重机的起吊载荷到支承边的距离，m。

图 8-5　流动式起重机稳定性示意图　　图 8-6　使用起吊耳环作为吊点

（2）物体吊点选择的原则

① 试吊法选择吊点　估计物件重心位置，采用低位试吊的方法来逐步找到重心，确定吊点的绑扎位置。

② 有起吊耳环物件的吊点　有起吊耳环的物件使用耳环作为连接物体的吊点，在吊装前应检查耳环是否完好，必要时可加保护性辅助吊索，如图8-6所示。

③ 长形物体吊点的选择　对于长形物体，若采用竖吊，则吊点应在重心之上。用一个吊点时，吊点位置应在距起吊端 0.3l（l为物体长度）处，如图 8-7（a）所示。

一个吊点起吊位置

l

0.3l

(a)

两个吊点起吊位置

0.2l　　0.2l

l

(b)

三个吊点起吊位置

0.13l　0.37l　0.37l　0.13l

l

(c)

四个吊点起吊位置

0.095l　0.27l　0.27l　0.27l　0.095l

l

(d)

图 8-7　长形物体吊点的确定

如采用两个吊点时，吊点距物体两端的距离为 0.2l 处，如图 8-7（b）所示。

采用三个吊点时，其中两端的吊点距两端的距离为 0.13l，而中间吊点的位置应在物体重心，如图 8-7（c）所示。

采用四个吊点时，两端的两个吊点距两端的距离为 0.095l，中间两个吊点的距离为 0.27l，如图 8-7（d）所示。

④ 方形物体吊点的选择　吊装方形物体一般采用四个吊点，四个吊点位置应选在边对称的位置上。吊点应与吊物重心在同一条铅垂线上，使吊物处于稳定平衡状态。注意防止吊物在提升时发生滑动或滚动。

⑤ 机械设备安装平衡辅助吊点　在机械设备安装精度要求较高时，可采用选择辅助吊点配合简易吊具调节机件平衡的吊装法，

如图 8-8 所示。

⑥ 两台起重机吊同一物体时吊点的选择　物体的重量超过一台起重机的额定起重量时，通常采用两台起重机使用平衡梁吊运物体的方法。此方法应满足两个条件。

图 8-8　机械设备安装平衡辅助吊点

a. 被吊装物体的重量与平衡梁重量之和应小于两台起重机额定起重量之和，并且每台起重机的起重量应留有 1.2 倍的安全系数。

b. 利用平衡梁合理地分配载荷，使两台起重机均不超载。

当两台起重机起重量相等时，即 $G_{n1} = G_{n2}$，则吊点应选在平衡梁中点处，如图 8-9 所示。

当两台起重机起重量不等时，见图 8-10，则应根据力矩平衡条件选择吊点距离 a 或 b。

图 8-9　起重量相同时的吊点

图 8-10　起重量不同时的吊点

在两台起重机同时吊运一个物体时，正确地指挥两台起重机统一动作是安全完成吊装工作的关键。

⑦ 物体翻转吊点的选择　兜翻是常见的物体翻转方法，将吊点选择在物体重心之下，见图 8-11（a）；或将吊点选择在物体重心

一侧，见图 8-11（b）。物体兜翻时应根据需要加护绳，护绳的长度应略长于物体不稳定状态时的长度，同时应指挥吊车，使吊钩顺向移动，避免物体倾倒后的碰撞冲击。

图 8-11　物体兜翻

对于大型物体翻转，一般采用绑扎后利用几组滑轮或主副钩或两台起重机在空中完成翻转作业。翻转绑扎时，应根据物体的重心位置、形状特点选择吊点，使物体在空中能顺利安全翻转。

例如，用主副钩对大型封头的空中翻转，在略高于封头重心且相隔180°的位置上选两个吊装点 A 和 B，在略低于封头重心与 A、B 中线垂直的位置上选一吊点 C，主钩吊 A、B 两点，副钩吊 C 点，起升主钩使封头处在翻转作业空间内。副钩上升，用改变其重心的方法使封头开始翻转，直至封头重心越过 A、B 点，翻转完成135°时，副钩再下降，使封头回到水平位置，至此便完成了封头180°空中翻转作业，如图8-12所示。

物体翻转或吊运时，每个吊环、节点所承受的力应满足安全吊运的受力需要。吊装大直径薄壁型物件和大型桁架结构时，应特别注意所选择的吊点是否能满足被吊物件整体刚度或构件结构的局部稳定性要求，避免起吊后发生由整体变形或局部变形而造成的物件损坏。对于这些物件应采用临时加固法或采用辅助吊具法，如图8-13所示。

| (a) 选点挂钩 | (b) 主钩不动副钩上升 | (c) 降副钩至水平 |

图 8-12　封头翻转 180°

图 8-13　辅助吊具法

8.2.2　吊装物件的绑扎

为了保证物件在吊装过程中安全可靠，吊装之前应根据物件的重量、外形特点、精密程度、安装要求、吊装方法，合理选择绑扎法及吊索具。

(1) 柱形物体的绑扎方法

① 平行吊装绑扎法

a. 用一个吊点，仅用于短小、重量轻的物品，如图 8-14 所示。在绑扎前应找准物件的重心，使被吊物处于水平状态。

b. 用两个吊点，绑扎在物件的两端，常采用双支穿套结索法和吊篮式结索法，如图 8-15 所示。

② 垂直斜形吊装绑扎法　垂直斜形吊装绑扎法多用于物件外形尺寸较长、对物件安装有特殊要求的场合。其绑扎点多为一点绑法（也可两点绑扎）。绑扎位置在物体端部，绑扎时应根据物件重

图 8-14　用一个吊点的平行吊装绑扎法

图 8-15　用两个吊点的平行吊装绑扎法

量选择吊索和卸扣，并采用双圈或双圈以上穿套结索法，防止物件吊起后发生滑脱，如图 8-16 所示。

图 8-16 垂直斜形吊装绑扎法　　　图 8-17　长方形物体绑扎方法

（2）长方形物体绑扎方法

通常采用平行吊装两点绑扎法。如果物件重心居中可不用绑扎，采用兜挂法直接吊装，如图 8-17 所示。

8.2.3 绑扎物体安全要求

① 绑扎前必须正确计算或估算物体的重量及其重心的确切位置，使物体的重心置于捆绑绳吊点范围之内。

② 绑扎用钢丝绳吊索、卸扣的选用要留有一定的安全余量，绑扎前必须进行严格检查，如发现损坏应及时更换，未达到报废标准时，应在出现异常部位处做出明显标记，作为继续检查的重点。

③ 严格检查捆绑绳规格，并保证其有足够的长度。

④ 用于绑扎的钢丝绳吊索不得用插接、打结或绳卡固定连接的方法缩短或加长。

⑤ 绑扎后的钢丝绳吊索提升重物时，各分支受力应均匀，分支间夹角一般不应超过 90°，最大时不得超过 120°。

⑥ 采用穿套结索法，应选用足够长的吊索，以确保挡套处角度不超过 120°，且在挡套处不得向下施加损坏吊索的压紧力。

⑦ 吊索绕过被吊重物的曲率半径应不小于该绳径的 2 倍。

⑧ 绑扎吊运大型或薄壁物件时，应采取加固措施。

⑨ 当被吊物具有边角尖棱时，为防止捆绑绳被割断，必须在绳与被吊物体间垫厚木块。

⑩ 注意风载荷对物体引起的受力变化。

⑪ 卸载时，亦应在确认吊物放置稳妥后落钩卸载。

8.2.4 起吊水箱定点停放操作训练

（1）场地要求

QTZ系列固定式塔式起重机1台，起升高度在20～30m；吊物为水箱；1个，边长1000mm×1000mm×1000mm，水面距箱口200mm，吊钩距箱口1000mm；平面摆放位置和场地的图形尺寸如图8-17和表8-1所示；其他器具有起重吊运指挥信号用红、绿色旗1套，指挥用哨子1只，计时器1个及个人防护用品。

图 8-18　水箱定点停放平面示意图

表 8-1　场地图形的尺寸　mm

起升高度 H	S_1	S_2	D_1	D_2	D_3
20≤H≤30	18.0	13.0	1.7	1.9	2.1
H>30	18.0	13.0	1.8	2.0	2.2

（2）操作要求

驾驶员接到考官发出的指挥信号后，将水箱由A位吊起，先后放入B圆、C圆内；再将水箱由C处吊起，返回B圆、A圆内；最后将水箱由A位吊起，直接放入C圆内。水箱由各处吊起时均距地面4000mm，每次下降途中准许各停顿2次。

完成上述动作，推荐时间为4min。塔式起重机高度较大、吊索较长，稳定时间应长一些。考试满分为 40 分，扣分标准见表 8-2。

表 8-2 起吊水箱定点停放考试评分标准

序号	扣 分 项 目	扣分值
1	送电前,各控制器手柄未放在零位	5分
2	作业前,未进行空载运转	5分
3	回转、变幅和吊钩升降等动作前,未发出音响信号示意	5分/次
4	水箱出内圆(D_1)	2分
5	水箱出中圆(D_2)	4分
6	水箱出外圆(D_3)	6分
7	洒水	1~3分/次
8	未按指挥信号操作	5分/次
9	起重臂和重物下方有人停留、工作或通过,未停止操作	5分
10	停机时,未将每个控制器拨回零位的,未依次断开各开关,未关闭操纵室门窗	5分/项

(3) 操作步骤

先送电，各仪表正常，空载试运转，无异常，驾驶员接到考官发出的指挥信号后进行下述操作。

① 先鸣铃，再根据起重臂所在位置，左手握住左手柄，左（右）扳动使起重臂回转臂；先将手柄扳到 1 挡慢慢开动回转，回转启动后可以逐挡地推动操作手柄，加快回转速度；当起重臂距离 A 圆较近时逐挡扳回操作手柄至零位，减速回转，使起重臂停止在 A 圆正上方。

② 先鸣铃，然后根据小车位置推（拉）左操作手柄使变幅小车前（后）方向移动，将手柄依次逐挡推动，加快变幅速度；当变幅小车离 A 圆较近时，将手柄逐挡扳回 1 挡；当变幅小车到达 A 圆正上方时，将手柄扳回零位，小车停止移动。

③ 在左手动作（②步）的同时，右手可以同时动作：右手握住右手柄，前推右手柄落钩，将手柄依次逐挡推动，加快吊钩下降速度；当吊钩离 A 圆水箱较近时，将手柄逐挡扳回 1 挡，减速下降；当吊钩距水箱约 800mm 高时，将手柄扳回零位，吊钩停止下降。

④ 在 A 圆内挂好水箱后，先鸣铃，后扳右手柄将水箱吊起，

将手柄依次逐挡拉动，加快吊钩上升速度；当水箱离地面接近4000mm高时，将手柄逐挡扳回1挡，减速上升，将手柄扳回零位，吊钩停止上升。

⑤ 先鸣铃，左手握住左手柄向右扳动使起重臂右转，先将手柄扳到1挡慢慢开动回转，回转启动后可以将手柄依次逐挡推动，加快回转速度；当起重臂距离B圆较近时，逐挡扳回操作手柄至零位，减速回转，使起重臂停在B圆正上方。

⑥ 先鸣铃，然后向后回拉左操作手柄使变幅小车向后方向移动，将手柄依次逐挡推动，加快变幅速度；当变幅小车离B圆较近时，将手柄逐挡扳回1挡；当变幅小车到达B圆正上方时，将手柄扳回零位，小车停止移动。

⑦ 在左手动作（⑥步）的同时，右手可以同时动作：右手握住右手柄，前推右手柄落钩，将手柄依次逐挡推动，加快水箱下降速度；当水箱离B圆较近时，将手柄逐挡扳回1挡，减速下降；当水箱落到地面时，将手柄扳回零位，吊钩停止下降。

⑧ 重复④、⑤、⑦操作方法把水箱运到C圆内，用同样方法将水箱返回放入B圆、A圆内。

⑨ 最后按④、⑤、⑦步骤将水箱由A圆吊起，直接放入C圆内。

8.2.5 一般作业的操作技术

① 找正 即准确地把吊钩停放在被吊物的上方。用大、小车进行找正，用大车找正比较容易，因为吊物几乎就在驾驶员的正前面；若判断小车停止位置是否正确，要一边起钩一边观察钢丝绳，如两边受力不一样，应把车向先受力的一侧移动一点，当两侧的绳子受力相等时，车就停正了。

② 吊物 即在吊物接近绷直（吃劲）时，要慢慢起升，边起升边校正大、小车位置，防止将吊物吊起后，出现摆动而伤人或掉物脱落。

③ 点车 是当吊物将要吊起或落下接近目的地时使用的方法。这时驾驶员要连续多次点动，连续点车要有节奏，每两次点车之间的时间等于一次点车的时间，并应与指挥人员密切配合。

④ 停车 停车要稳，如果上下摆动，会给吊装作业造成困难；

由于停车所产生的振动，除与制动器有关外，主要是决定于驾驶员的操作方法是否正确。

⑤ 落活　应在吊物接近地面时缓慢有节奏地下落，一落到地容易使吊物倾倒。

⑥ 吊运　当吊运驾驶室一端的物件时，应把小车先开到吊运线路后，再把吊物吊到目的地，避免由于驾驶室影响视线而造成事故。

⑦ 稳钩　要使摆动的吊钩平稳地停在所需要的位置，或使吊钩随起重机平稳运行称为稳钩。

稳钩操作是当吊钩游摆到幅度最大而尚未向回游摆的瞬间，把车跟向摆动的方向。在跟车时就是通过钢丝绳给吊钩一个与吊钩回摆力相反的力，从而抵消作用于吊钩水平方向的力，以消除摆动。跟车距离应使吊钩的中心恰好处于垂直位置，跟车速度不宜太慢。

横向游摆时开大车稳钩；纵向游摆时开小车稳钩；斜向或综合性游摆时，应同时跟大、小车稳钩。

8.2.6　特殊作业技术

(1) 翻活

翻活是驾驶员经常遇到的一种操作，分地面翻转和空中翻转两种。在地面翻转时，一般用一个吊钩操作，在空中翻活时，一般用两个吊钩操作。地面翻活有兜翻、游翻、带翻三种。

① 兜翻　是把钢丝绳扣挂在被翻物的底部或侧面的下角部位，吊钩必须垂直向上吊。边吊边校正大、小车位置，使吊钩始终处于垂直状态；当被翻物的中心超过支撑点时，就会自行翻过去。这时，不论吊活用的钢丝绳松紧，都要立即向下落钩。兜翻主要用于不怕碰撞的毛坯件之类的物件。

② 游翻　是把被翻物件吊起来后，再开车造成人为摆动，把被翻物件摆到幅度最大的瞬间迅速落钩，同时向回开车，当被翻物件下部着地后，上部就在惯性作用下继续向前倾倒，这时，吊钩就要顺势落下，同时开车继续校正，使吊钩在游翻过程中保持垂直。游翻主要用于扁体物件的翻转。

③ 带翻　是把被翻物件吊起来后，再立着落下，落到钢丝绳绷紧的程度，然后向要翻倒的方向开车，把被翻物件带倒。在被翻

物趋于自行倾倒时要顺势落钩，落钩时要使吊钩垂直。

带翻是属于用歪拉的作业方法进行翻活（在翻活时这种作业是正常的），但最大斜拉角度不得大于5°，一般以3°左右为宜，如要大于5°时，必须改变吊挂方法和采取其他措施。

（2）双吊钩操作

在主副钩换用时，不能在主副钩达到相同高度的情况下，再去同时开动两个吊钩，因为这样操作，驾驶员常常只顾一个吊钩而不能顾及另一个，很容易忘记吊钩还在上升，如果开关限位失灵，就会导致吊钩"升天"事故。另外，在开动两个吊钩的同时，又开动大车或小车，上升的吊钩就会产生严重游摆。由于驾驶员忘记了上升的吊钩，即使在接近极限位置时，吊钩有可能顶在支撑重锤水平杆的立杆上，有时在这种情况下，虽然上升限位开关没有发生故障，但也不能起到正常作用，而会导致吊钩"升天"事故。

8.3 起重作业的风险因素

在事故多发的各种作业中，起重事故的数量多、后果严重、经济损失大，一直是安全监控的重点特种设备。起重作业的高风险是由它的特殊运动形式和作业特点决定的。了解其高风险特点对生产和人身安全有着重大的意义。

（1）起重作业的工作循环

取物装置——（取物）多个工作机构的空间运动——（单向或多向组合）/（直线或旋转）物料安放到指定位置——（卸料）空载回到原处（准备再次作业）。

（2）起重机械的作业特点

① 周期性的间歇作业。

② 移动范围大。

③ 运动方式复杂，可能是多个工作机构的单独运动或组合运动。

④ 作业人员配合要求高，整个工作循环需要地面指挥人员、司索工和起重机驾驶员三方面人员的紧密配合协调完成。

（3）起重作业的风险因素

① 起重物料的势能高的原因　物料具有高势能。起重搬运的

载荷质量大，一般都上百吨重，有的高达几百吨。起重搬运过程是将重物悬吊在空中的运动过程。由于载荷质量大、位置高，因而具有很高的势能。一旦发生意外，高势能就会迅速转化为高动能，造成严重后果。

② 作业空间范围人的原因　作业空间范围影响人。起重机庞大的金属结构横跨车间或作业场地，高居其他设备、设施和施工人群之上，起重机起吊物料，可实现带载情况下，起重机部分或整体在较大范围内移动运行，在作业区域增大的同时，也使危险的影响范围加大。

③ 机构运动多维性的原因　起重机械的危险源点多且分散。与其他固定式机械不同的是，起重机在作业过程中需要整体移动，并且起重搬运过程是借助多个机构的组合运动来实现的。每个机构都存在大量结构复杂、形状不一、运动各异、速度多变的可动零部件，再加上吊载的三维空间的运移，这样就形成了起重机械的危险源点多且分散的特点。

④ 群体性作业的原因　起重作业是地面司索工、起重机驾驶员、地面指挥等多人多环节协作完成的作业。起重作业的过程是通过地面司索工捆绑吊物、挂钩、卸货，起重机驾驶员操纵起重机将物料吊起，按地面指挥要求，通过空间运行，将吊物放到指定位置一系列环节组成。每一次吊运循环，都必须是多人合作完成，无论哪个环节出问题，都可能发生意外。

(4) 作业条件有关的危害

在室内的起重机，地面设备多，人员集中；在室外的起重机，会受气象条件和场地限制；在夜间作业，会受作业范围内的采光条件影响。另外，物料的种类繁多，包括成件、散料、液体、固液混合等物料，形态各异。此外，流动式起重机还涉及地形和周围环境等众多因素的影响。

起重作业的常见工作危害，如图 8-19～图 8-27 所示。起重机作业地面泥土松软时，使用较坚固及大面积的垫木将重力分散，减少泥土的负荷地面不平时，可调整支撑架令起重机水平。

遇到暴雨、雷电、大雾或六级以上大风的天气时，严禁进行露天起重，当遇到台风时，应将吊臂转到背向台风方向，并将制动臂松开，让吊臂自由转动。

图 8-19　地面的人员安全

图 8-20　地面的设备安全

图 8-21　与架空电线的安全距离

图 8-22　防止物料下坠

图 8-23　流动式起重机的地基条件

图 8-24　室外气候条件的影响

图 8-25 严禁拖行负荷物

图 8-26 防止吊臂或吊缆折断

计划合理的吊运途径，且尽量将负荷物贴近地面运行

图 8-27 吊运路径要合理

第**9**章

塔式起重机的安装和拆卸

9.1 塔式起重机的轨道基础和钢筋混凝土基础

9.1.1 安装和拆卸技术要求

(1) 塔式起重机的技术要求

① 塔式起重机生产厂必须持有国家颁发的特种设备制造许可证。

② 有监督检验证明、出厂合格证和产品设计文件、安装及使用维修说明、有关试验合格证明等文件。安装后未经有相应资质检验检测机构监督检验和经检验不合格，不得投入使用。

③ 有配件目录及必要的专用随机工具。

④ 对于购入的旧塔式起重机应有两年内完整运行记录及维修、改造资料，在使用前应对金属结构、机构、电器、操作系统、液压系统及安全装置等各部分进行检查和试车，以保证其工作可靠。

⑤ 对改造、大修的塔式起重机要有出厂检验合格证、监督检验证明。

⑥ 对于停用时间超过一个月的塔式起重机，在启用时必须做好各部件的润滑、调整、保养和检查。

⑦ 塔式起重机的各种安全装置和仪器仪表必须齐全和灵敏可靠。

⑧ 有下列情形之一的塔式起重机，不得出租、安装和使用。

属国家明令淘汰或者禁止使用的，超过安全技术标准或者制造厂家规定使用年限的，经检验达不到安全技术标准规定的，没有完整安全技术档案的，没有齐全有效的安全保护装置的。

⑨ 严禁在安装好的塔身金属结构上安装或悬挂标语牌、广告牌等挡风物件。

（2）塔式起重机的安全距离

塔式起重机的安全距离是指在安全生产的前提下，塔式起重机运动部分作业时与障碍物应当保持的最小距离。对塔式起重机的安全距离有以下要求。

① 塔式起重机平衡臂与相邻建筑物之间的安全距离不少于 0.6m。

② 塔式起重机包括吊物等任何部位与输电线之间的距离应符合表 9-1 安全距离要求。

表 9-1　塔式起重机与外输电线路的最小安全距离

安全距离	电压/kV				
	<1	1~15	20~40	60~110	220
沿垂直方向/m	1.5	3.0	4.0	5.0	6.0
沿水平方向/m	1.0	1.5	2.0	4.0	6.0

③ 两台及两台以上塔式起重机作业时，相邻两台塔式起重机的最小架设距离应当保证处于低位塔式起重机的起重臂端部与处于高位塔式起重机的塔身之间至少有 2m 的安全距离；处于高位塔式起重机的最低部位的部件（吊钩升至最高点或平衡重的最低部位）与低位塔式起重机中最高部位的部件之间的垂直距离不应小于 2m；塔身和起重臂不能发生干涉，尽量保证塔式起重机在风力过大时能自由旋转。

塔式起重机除了应当考虑与其他塔式起重机、建筑物和外输电线路有可靠的安全距离外，还应考虑到毗邻的公共场所（包括学校和商场等）、公共交通区域（包括公路、铁路和航运等）等因素。在塔式起重机及其荷载不能避开这类障碍时，应向政府有关部门咨询。

塔式起重机基础应避开任何地下设施，无法避开时，应对地下设施采取保护措施，预防灾害事故发生。

(3) 塔式起重机的工作环境

对塔式起重机的工作环境有以下要求。

① 塔式起重机的工作环境温度为 $-20 \sim 40℃$。

② 风力在四级及以上，或塔式起重机的最大安装高度处的风速大于 13m/s 时，不得进行顶升、安装和拆卸作业。

③ 塔式起重机在工作时，驾驶室内噪声应不超过 80dB（A）；在距各传动机构边缘 1m、底面上方 1.5m 处测得的噪声值应不大于 90dB（A）。

④ 无易燃、易爆气体和粉尘等危险物。

⑤ 海拔高度在 1000m 以下。

当塔式起重机在强磁场区域（如电视发射台、发射塔和雷达站等附近）安装使用时，应指派人员采取保护措施，以防止塔式起重机运行时切割磁力线发电而对人员造成伤害，并应确认磁场不会对塔式起重机控制系统（采用遥控操作时应特别注意）造成影响。当塔式起重机在航空站、飞机场和航线附近安装使用时，使用单位应向相关部门报告并获得许可。

(4) 塔式起重机的安装偏差

对塔式起重机的安装偏差有以下要求。

① 空载时，最大幅度允许偏差为其设计值的 $\pm 2\%$，最小幅度允许偏差为其设计值的 $\pm 10\%$。

② 尾部回转半径应不大于其设计值的 100mm。

③ 空载，风速不大于 3m/s 状态下，独立状态塔身（或附着状态下最高附着点以上塔身）轴心线的侧向垂直度允许偏差为 4‰，最高附着点以下塔身轴心线的垂直度允许偏差为 2‰。

④ 小车变幅塔式起重机，在空载状态下小车任意一个滚轮与轨道的支承点对其他滚轮与轨道的支承点组成的平面的偏移不得超过轴距公称值的 1‰。

⑤ 支腿纵、横向跨距的允许偏差为其设计值的 $\pm 1\%$。

⑥ 对轨道运行的塔式起重机，其轨距允许偏差为其设计值的 $\pm 1‰$，且最大允许偏差 $\pm 6mm$。

9.1.2 塔式起重机的轨道基础

塔式起重机的轨道基础根据使用期限，可分为永久性和临时性两类。铺设在建筑工地上的轨道基础，因使用期限较短，拆卸后可运送至另一工地，属于临时轨道基础。轨道基础分上、下两层结构，上层结构包括碴石层、轨枕、钢轨及附件，下层为土路基及排水设施。

在建筑安装工程中选定有轨行走式塔式起重机后，要按所选塔式起重机的型号及配用轨道的要求，进行路基和轨道的铺设。路基和轨道铺设的技术要求如下。

(1) 路基

① 铺设路基前的工作　应进行测量、平整、压实等。地基土壤的密度见表 9-2。路基范围内，若有坟坑、渗水井、松散的回填土和垃圾等，必须清理干净，并用灰土分层夯实。

表 9-2　轨道基础路基土壤密度

土壤类别	土壤密度要求 /kg·m⁻³ ≥	
	4 轮大车行车机构(压实系数 0.85)	8 轮大车行机构(压实系数 0.9)
细沙、粉沙	1540	1640
粗砂质黏土	1540	1640
沙壤土	1660	1760
黏土	1500	1600

② 路基碴石层铺设厚度　路基碴石层铺设厚度见表 9-3，不准直接铺设在冻土层上。铺筑路基的碴石粒径一般为 50～80mm，碴石层应保持厚度均匀。在铺筑路基前，应在已夯实的地基上摊铺一层厚为 50～100mm 的黄沙，并进行压实。

③ 路基两侧　路基两侧应设置挡土墙，一侧必须设置排水沟。

④ 路基空间　在铺设路基时，应避开高压线路。如在塔式起重机工作范围内有照明线和其他障碍物，必须事先拆除。如有特殊情况，应采取防护措施。

⑤ 枕木的铺设　使用短枕木时一般应每隔两根短枕木铺设一根长枕木（即通枕）。如果均为短枕木时，为保证轨距不变，每隔 6～10m 加一根拉条，拉条可用 12 号槽钢，如图 9-1 所示。枕木间距见表 9-4。

图 9-1 枕木与钢轨铺设示意图

表 9-3 碴石层厚度

塔式起重机轮压/kN	碴石层厚度/mm		塔式起重机轮压/kN	碴石层厚度/mm	
	用沙及矿碴铺筑	用碎石及卵石铺筑		用沙及矿碴铺筑	用碎石及卵石铺筑
100 以下	150	120	180～270	250～300	200～250
100～180	200	150	270 以上	由专门设计决定	由专门设计决定

(2) 钢轨的铺设

钢轨的铺设应符合以下技术要求。

① 选定钢轨 塔式起重机所使用的钢轨规格有：50kg/m、

43kg/m 和 38kg/m，具体选用应根据塔式起重机技术说明书的要求来确定，见表 9-4。

表 9-4　钢轨型号、轨枕间距与轮压的关系

塔式起重机轮压/kN	短木轨枕的规格/mm			钢轨型号/kg·m⁻¹	备注
	断面尺寸	长度	间距		
150 以下	145×245	1350	600	38	
150～200	145×245	1350	550	43	木轨枕长度 =900mm
200～230	145×245	1350	550	50	
230～280	145×245	1350	500	50	

② 水平误差　两轨顶面应处于同一水平面，误差不得超过 ±3mm。

③ 平行误差和直线误差　两轨间的距离应该处处相等，轨距误差不得超过轨距的 1‰或±6mm。为了保持轨距符合标准，铺设钢轨时应采用专门制作的样板进行校验，至少每隔 6m 定点测量。对于采用井字式底架塔式起重机，10m 长轨道的直线误差小于 20mm；对于采用水母底架的塔式起重机，10m 长轨道直线误差小于 25mm。

④ 坡度误差　在轨道的全长线上，纵向坡度误差不得超过整个轨道长度的 1‰。

⑤ 接缝误差　钢轨的接头间隙一般控制在 4～6mm，钢轨对接处的鱼尾板必须双面配套使用。紧固连接螺栓时，不得使用接长的扳手。接头下方不得悬空，必须枕在枕木上，接头处两轨顶面高度误差不得大于 2mm。

⑥ 端部处理　在距轨道两端不超过 0.5～1m 处，必须安装缓冲止挡装置或有缓冲作用的挡块或枕木，以防溜塔。

⑦ 道钉处理　钉道钉前，必须将钢轨调直，并进行测量。排钉时，应先每隔一根枕木钉一组道钉，道钉压舌必须压住钢轨的翼板，先钉端头，然后再钉其余道钉。在钉第二根钢轨时，要先找准轨距尺寸，再按第一根钢轨的钉法固定。

⑧ 弯道半径　轨道基础的弯道半径与轨距大小有关。轨距为 3.8m，弯道半径取为 6m；轨距为 4.5m，弯道半径取为 9m；轨距为 5m，弯道半径取为 10m；轨距为 6m，弯道半径取为 12m；轨

距为 8m，弯道半径取为 16m。采用水母底架的塔式起重机，其弯道半径可适当减小。

⑨ 接地保护 塔式起重机的轨道必须有良好的接地保护装置，沿轨道每隔 20m 应做一组接地装置。轨道的接地电阻应小于 4Ω。

9.1.3 塔式起重机的钢筋混凝土基础

高层建筑施工用的附着式塔式起重机，大多采用小车变幅的水平臂架，幅度可达 50m 以上，不需移动机械，其作业即可覆盖整个施工范围，因此多采用钢筋混凝土基础。

(1) 塔式起重机钢筋混凝土基础的形式

钢筋混凝土基础有多种形式可供选用。对于有底架的固定自升式塔式起重机，可视工程地质条件、周围环境以及施工现场情况选用 X 形整体基础、条形、分块式基础或者是独立式整体基础。对无底架的自升式塔式起重机则采用整体式方块基础。

① X 形整体混凝土基础 如图 9-2 所示，X 形整体基础的形状及平面尺寸大致与塔式起重机 X 形底架相似，塔式起重机的 X 形底架通过预埋地脚螺栓固定在混凝土基础上。此种形式多用于轻型自升式塔式起重机。

② 长条形混凝土基础 如图 9-3 所示，长条形基础由两条或四条并列平行的钢筋混凝土底梁组成，分别支承底架的四个支座，承受由底架支座传来的上部荷载。当塔式起重机安装在混凝土砌块的人行道上或者是原有混凝土地面上时，均可采用此种形式的钢筋混凝土基础。

图 9-2　X 形整体混凝土基础

图 9-3　长条形混凝土基础

③ 分块式混凝土基础　如图 9-4 所示，分块式基础由四个独立的钢筋混凝土块体组成，分别承受由底架结构传来的上部荷载，块体的构造尺寸视塔式起重机的最大支反力及地基承载能力而定。由于基础仅承受底架传递的垂直力，故可作为中心负荷独立柱基础处理，其优点是：构造比较简单，混凝土及钢筋用量都较少，造价便宜。

④ 独立式整体混凝土基础　如图 9-5 所示，独立式整体钢筋混凝土基础适用于无底架固定式自升式塔式起重机。其构造特点是：塔式起重机的塔身结构通过塔身基础节、预埋塔身框架或预埋塔身主角钢等固定在钢筋混凝土基础上，从而使塔身结构与混凝土基础连成一体，并将起重机上部荷载全部传递到地基。由于整体钢筋混凝土基础的构造尺寸是考虑塔式起重机的最大支反力、地基承载力以及压重的需求而选定的，因而能确保塔式起重机在最不利工况下也可安全工作，不会发生倾翻事故。

图 9-4　分块式混凝土基础

图 9-5　独立式整体混凝土基础
1—架设钢筋；2—预埋标准节；3—钢筋

(2) 对钢筋混凝土基础的要求

基础的混凝土标号不得低于 C35；混凝土强度达到 90％以上后，方可进行起重机的安装；混凝土以下的基础处理，应保证地面许用比压（或称地耐力）不得小于 180kPa。

对于自升式塔式起重机，由于起重量、起升高度、工作幅度等的不同，对其基础要求也不同，应以塔式起重机技术说明书中的基础施工图和要求为依据。

9.2 塔式起重机的安装

9.2.1 塔式起重机的安装

(1) 安装的条件

① 从事塔式起重机安装、拆卸活动的单位应当依法取得建设主管部门颁发的起重设备安装工程专业承包资质和建筑施工企业安全生产许可证，并在其资质许可范围内承揽建筑起重机械安装拆卸工程。

② 从事塔式起重机安装与拆卸的操作人员必须经过专业培训，并经建设主管部门考核合格，取得建筑施工特种作业人员操作资格证书。安装、拆卸作业的人员由起重工、安装电工、液压工、钳工及塔式起重机驾驶员等组成。塔式起重机驾驶员必须与之密切配合。

③ 塔式起重机使用单位和安装单位应当签订安装、拆卸合同，明确双方的安全生产责任。实行施工总承包的，施工总承包单位应当与安装单位签订建筑起重机械安装工程安全协议书。

④ 施工组织（总）设计中应当包括塔式起重机布置、基础和安装、拆卸及使用等方面内容，并制定安装拆卸专项方案。

⑤ 塔式起重机的基础、轨道和附着的构筑物必须满足塔式起重机产品使用说明书的规定。

⑥ 塔式起重机安装、拆卸应在白天进行，特殊情况需在夜间作业时，现场应具备足够亮度的照明。

⑦ 雨天、雾天和雷电等恶劣气候，严禁安装和拆卸塔式起重机。塔式起重机安装和拆卸作业时，塔式起重机最大安装高度处的风速不能大于 7.9m/s（相当于地面 4 级风），参照天气预报风力分级时，应注意塔式起重机安装高度的影响。

(2) 专项方案编制

安装单位应编制安装拆卸专项方案，专项方案应当由具有中级以上技术职称的技术人员编制。

① 方案编制的依据

a. 塔式起重机安装使用说明书。

b. 国家、行业和地方有关塔式起重机安全使用的法规、法令、标准和规定等。

c. 安装拆卸现场的实际情况。

② 方案的内容

a. 工程概况、塔式起重机的规格型号及主要技术参数。

b. 安装拆卸现场环境条件及塔式起重机安装位置平面图、立面图和主要安装、拆卸难点。

c. 详细的安装、附着及拆卸的程序和方法。

d. 地基、基础、轨道和附着建筑物（构筑物）情况。

e. 主要部件的重量及起吊位置。

f. 安装拆卸所需辅助设备及吊索具、机具。

g. 安全技术措施，应急预案。

h. 必要的计算资料。

i. 作业人员组织和职责。

③ 安装和拆卸方案

安装和拆卸方案由安装拆卸单位技术负责人和工程监理单位总监理工程师审批。

(3) 技术交底

安装前，先要由主管部门向安装单位负责技术人员进行技术交底，再由安装单位负责技术人员向安装、拆卸作业人员进行安全技术交底。交底人、塔式起重机安装负责技术人和作业人应签字确认。安装技术交底应包括以下内容。

① 塔式起重机的性能参数。

② 安装、附着及拆卸的程序和方法如下。

a. 塔式起重机的安装与拆卸应严格按照说明书所规定的顺序和要求进行。

b. 上回转式塔式起重机，一定要先装平衡臂，再装起重臂，最后装平衡重。拆卸时一定要先拆平衡重，再拆起重臂，最后拆平衡臂，否则，就有倒塔的危险。

③ 部件的连接形式、连接件尺寸及连接要求如下。

a. 塔式起重机各部件之间的连接销轴、螺栓、轴端卡板和开口销等，必须使用塔式起重机生产厂家提供的专用件，不得随意代用。

b. 安装塔式起重机时，各销轴必须涂抹润滑脂。装好后，开口销必须张开到规定的程度，轴端卡板必须固紧，连接螺栓必须拧紧。

c. 安装负责人一定要注意检查臂架销轴的开口销，是否严格按要求操作到位，轴端卡板的螺栓是否拧好、拧紧。

④ 拆装部件的重量、重心和吊点位置。

⑤ 使用的设备和机具的性能及操作要求。

⑥ 作业中安全操作措施如下。

a. 作业人员必须戴安全帽、配安全带和穿工作鞋。

b. 高空作业人员，摆放小件物品和工具要注意，不可随手乱放，不可向下随意抛掷物品。一定要抛掷物品时，要预先通知有关人员，做好防范措施，并向没有人的地方抛掷。

c. 高空作业应走塔身内的爬梯，不能从标准节外面攀爬。一定要到标准节外工作时，必须扣上安全带。

(4) 现场勘察

在塔式起重机进场之前，负责组织塔式起重机安装的技术人员应会同安装队（组长）检查施工现场的准备情况并了解安装塔式起重机的基本情况。

① 了解塔式起重机部件重量，安装尺寸。

② 现场应有便于平板拖车进入现场和掉头的通道。

③ 塔式起重机的轨道基础或独立式混凝土基础的构筑应符合有关规定。

④ 现场平整，无障碍物、无架空高压线；电源已准备就绪；起重工具齐全并符合要求。

⑤ 检查基础位置、尺寸、隐蔽工程验收记录和混凝土强度报告等相关资料。

⑥ 确认所安装塔式起重机的安装设备及辅助设备的基础、地基承载力、预埋件等是否符合安装拆卸方案的要求。

⑦ 检查基础排水措施。

⑧ 划定作业区域，落实安全措施，设置警示标志。

9.2.2 自升式塔式起重机的安装

目前国内外高层建筑施工中大部分均采用自升式塔式起重机，其原因是这种起重机具有下列优点：能随建筑物升高而升高，对高层建筑物适应性强；在基础施工阶段即可在现场安装使用，有利于提高机械的利用率，缩短工期；不占用或少量占用施工场地，特别适合于大城市改建，施工现场狭窄的"插入式"建筑工程；操纵室直接布置在塔顶下面，驾驶员视野好；采用自行升高的方法，可避免很大的安装应力，因而结构简洁，安装和拆卸方便。

自升式塔式起重机的架设顺序由下而上，依次进行。有些部件可直接安装就位，有些部件则需经过组拼后才能安装。

(1) 安装底架

起重机在安装之前，首先要将十字底梁或底座基础节固定在混凝土基础上，底座基础节有四个支座与混凝土基础连接，支座的四个接触面有四根与混凝土基础锚固的地脚螺栓连接。底座基础节安装后，其倾斜度应控制在 1/1000 以内，如果发现超过，应在底梁下加垫板来调整斜度，直到符合要求为止。底座节的支座底平面与混凝土的接触面不得小于 95%，地脚螺栓紧固时的力矩应达到设计要求。

底座基础节的安装可与基础混凝土浇灌同时进行，也可分两次并行浇灌完成。用经纬仪或吊线法检查底架基础节的垂直度，主弦杆四个侧面的垂直度误差应不大于 1/1000。

(2) 吊装顶升套架

如图 9-6 所示，先在地面组装好除工作平台以外的顶升套架的组件，然后吊起足够高，使其下面从底节顶端套入，慢慢放下。套入时应注意顶升套架的方位，应保证套架上的顶升液压缸与塔身上的顶升支板位于同一侧，并检查、调整各滑或滚轮与塔身主弦杆表面的间隙，要求任何方向同一层相对的两滑块或滚轮与塔身主弦杆表面的间隙之和不大于 8mm。

图 9-6　吊装顶升套架　　　　图 9-7　吊装回转总成

　　安装顶升套架四周的工作平台，然后将泵站吊装到靠后侧的平台的一角，接好泵站与液压缸的油管，开动泵站，检查液压系统的运行情况。

（3）吊装回转总成

吊装回转总成步骤如下。

　　① 地面组装　先在地面将回转下支座、回转支承、回转上支座和回转机构等组装好。在安装回转机构时，回转机构下面的法兰盘以及与之接触的上回转支座的法兰圈，其表面必须清洁无油污，然后用高强螺栓拧紧，保证小齿轮与回转支承外齿圈的良好啮合，啮合间隙以 0.2～0.3mm 为宜。齿轮部分涂上黄油，保证以后有良好的润滑条件。

　　② 吊装回转总成　吊起回转部分的组合体，搁置到底节顶部，并用高强螺栓连接好，每根螺栓必须有两个螺母。搁置时要注意其方位，操纵室的前方应对准顶升套架的引入门方向，如图 9-7所示。

(4) 吊装塔帽和驾驶室

在地面组装好塔顶部分的全部构件，然后吊到回转塔身的顶部，用高强螺栓将塔顶与回转塔身紧固好，每根螺栓必须有两个螺母。安装时注意其方位，塔顶的前方，也就是有起重臂拉杆支耳的一方，应与操纵室的前方一致，如图9-8所示。驾驶室吊装如图9-9所示。

图9-8 吊装塔顶总成   图9-9 吊装驾驶室

(5) 吊装平衡臂总成

① 地面组装   在地面将平衡臂组装好，装上平衡臂两侧的走台、护栏、起升机构和电气控制柜等。

② 与拉杆连接   将平衡臂拉杆连接好，并装到平衡臂相应的

连接耳板上，穿好销轴，插上开口销并张开一定角度，然后顺平衡臂两侧水平放置，并临时用细绳或铁丝扎在平衡臂，如图 9-10（a）所示。

图 9-10　安装平衡臂及组件

③ 与回转塔连接　水平吊起平衡臂，使臂根两只连接耳板，插入回转塔身左右两只连接耳板内，装上销轴，穿好开口销并张开，如图 9-10（b）所示。

④ 拉杆与塔顶平衡臂连接　稍稍再提升平衡臂，使其尾部上翘，拉紧平衡臂拉杆，与塔顶上的平衡臂安装耳板对正，装入连接销轴，穿好开口销并张开。

⑤ 撤掉起吊钢索　慢慢放下平衡臂，让拉杆逐渐受力而拉直，直到起吊钢索完全松弛，才能取下吊索。再按塔式起重机设计要求加装配重块。

（6）吊装起重臂

① 地面组装并检查小车运行　先在地面将起重臂各臂节组装好。组装时，注意要先将牵引小车套在起重臂下弦导轨上。臂架组装好以后，用支架将起重臂两头支起，将牵引小车从臂根推到臂端，检查小车沿起重臂下弦导轨运行是否有阻碍或碰撞声。如发现

有阻碍，先进行处理再进行下一步。

②穿好牵引钢丝绳 将牵引机构安装在起重臂第一节臂节内的安装位置处，并按要求穿绕好牵引钢丝绳。牵引绳的张紧，尽量在地面调好。

③在地面组装好起重臂拉杆 对于双吊点起重臂，长、短分拉杆端部的双拉板分别与起重臂对应的吊点用销轴连接好，把组装好的拉杆整齐地搁置在起重臂上弦导轨的固定卡板槽内，在端部用细绳或铁丝临时捆扎好，不让其掉下来。

④水平起吊重臂并与回转塔身连接 在起吊时要注意吊钩大体落在起重臂的重心上。如图 9-11 所示，一般来说在说明书里起重臂重心有参考位置，如没有，重心大体在从根部起算 0.45 倍臂长处，经过试吊后再找准确。待起重臂升高到回转塔身上部的支耳处，将起重臂接头插回转塔身耳板内，装好销轴，穿上开口销并张开。

图 9-11 吊装起重臂

⑤与塔帽拉杆连接 稍稍再提升起重臂，使其端部上翘约 3°。接通起升机构的电源，用起升机构的钢丝绳通过塔帽滑轮，将起重臂拉杆拉向塔帽处，再将起重臂拉杆与塔帽拉杆用销轴连接好，穿上开口销并张开。

⑥检查连接销并撤去起吊钢索 检查起重臂拉杆各连接销准确无误后，慢慢放松起吊钢索，起重臂拉杆逐渐受力张紧，起重臂逐步减小上翘而接近水平，最好留 1°～1.5°的上翘角。待起吊钢索完全放松后，再卸去。

(7) 吊装平衡重

平衡臂的末端留有平衡重的安装位置。对于大的塔式起重机，由于臂架自重前倾力矩很大，应当先加一两块平衡重后再装起重臂。对于一般中小型起重机，臂架自重力矩不很大，不需先加平衡重。

将平衡重吊起时，注意大头朝上。逐块从平衡臂尾部的上方插入平衡重的安装位置，使大头的肩部搁在平衡臂的主弦杆上，依次排好并靠紧。用钢丝绳把所有平衡重连成一整体，以免随意摆动。

(8) 穿绕起升钢丝绳

使起升钢丝绳从塔顶滑轮下来，穿过起重量限制器的滑轮，进入牵引小车的外侧滑轮，引入吊钩滑轮，再上来引入小车的内侧滑轮，最后将绳头固定在起重臂的臂端。图 9-12 所示为 2 倍率起升钢丝绳穿绕方式。

图 9-12　2 倍率起升钢丝绳穿绕图

(9) 连接电源电缆

将主电缆一头接在铁壳开关上，另一头从底架内引出，沿顶升套架的外侧上升，到回转下支座的下面，从下支座与塔身标准节顶面之间的空隙穿入回转支承内，再穿过回转上支座进入操纵室，与操纵室的电源插座连接。

注意回转上支座固定电缆处与回转下支座固定电缆处之间，主电缆应留出 2～3m 的松弛长度，使得上、下支座在相对回转过程中，无论在什么方向，电缆不至于被拉紧，更不至于被拉断。顶升套架内侧的主电缆应当捆扎在套架上，在顶升时，电缆自然跟着提升。至此，这台上回转塔式起重机基本安装好，但还要继续进行顶升加节。

9.2.3　塔式起重机附着装置的安装

　　附着装置适用于整体框架结构的建筑物，若建筑物为砖混结构则应特殊设计。附着装置由附着框架和三根可调拉压桁架撑杆等组成；安装附着装置的套数由起升高度确定；预埋在墙内的附着装置支座应在墙体结构浇注时预埋好。安装好附着装置后，塔式起重机的自由起升高度不得低于 15m，且不得高于 18m。在实际安装附着装置的施工中，可在两道附着装置的标准距离之间增加一道附着装置，作临时替换用。

　　三根撑杆应布置在同一水平面内，撑杆与建筑物的连接方式可根据实际情况而定。图 9-13 所示为 QTZ63 塔式起重机附墙撑杆的安装状态，图 9-13（a）为理想的安装状态；图 9-13（b）中的各道附墙撑杆向同一方向倾斜的状态，在安装中是绝对不允许的；图 9-13（c）中所示的是各道附墙撑杆交错倾斜，这样的安装状态是允许的。

图 9-13　附墙撑杆安装状态示意图

　　附着装置的附着框架又称为锚固环，多用钢板组焊成箱形结构，如图 9-14 所示是 F0/23B 自升式塔式起重机所采用的锚固环的构造示意图。锚固环根据附着点的布置，装设在塔身结构水平腹杆结点上。装设时，锚固环中心线应尽可能与塔架水平腹杆结点对中，并且必须通过楔块、连接板、紧定螺钉或其他附件将锚固环紧密地与塔架相连接。

(a) 锚固环与塔架的连接示意图　　　　　(b) U形卡箍构造示意图

图 9-14　F0/23B 自升式塔式起重机锚固环构造示意图
1，2—联系梁；3，7—半环梁；4~6—连接螺栓；
8，9，11，12—U形卡箍（组焊件）；10—斜撑

安装附着装置时，应用经纬仪检查塔身轴线的垂直度，塔身垂直度偏差应小于 4/1000，允许通过调节附着撑杆长度来达到。

附着间距在受建筑物结构限制时，可以缩小，但要增加附着层数以保证第一道附着架到地面的距离和附着工作时塔式起重机的悬臂段高度不超过规定的数值。

对附着点的承载能力，在安装塔式起重机前，必须对建筑物附着点位置的承载能力及影响附着强度的钢筋混凝土骨架的施工日期等因素进行预先估计，并与设计及土建施工单位核定计算结果。塔式起重机附着装置预埋件如图 9-15 所示。对安装附着装置的基本要求如下。

① 两道附着装置间距一般为 20~30m，个别情况下可根据实际需要适当加大。

② 在安装锚固环和固定附着撑杆时，要用经纬仪观测并注意保持塔身结构的垂直。

③ 要随着顶升接高的进程布设附着装置，附着装置（最高一道）以上的塔架自由高度一般不得超过 30～35m。

图 9-15　附墙装置预埋件

④ 在塔架总高度很高并设置多道锚固的情况下，可适当放大下部附着装置的间距，有些下部锚固装置可转移到上部使用。

⑤ 附着杆件在建筑结构薄弱环节上的锚固处应采取加固措施（如增加配筋、提高混凝土标号等），以增强局部承载能力。

⑥ 必须经常检查锚固环和附着杆件的固定情况，如发现有问题，未经妥善解决不得继续施工。

⑦ 拆卸塔式起重机时，应配合拆塔降落塔身进度撤除附着装置。要做到随落随撤，不可在降落塔身之前，预先撤除，以免大风骤起造成倒塔事故。

⑧ 6 级风时禁止落塔和撤除锚固。

⑨ 安装和撤除锚固装置时，必须头戴安全帽、身系安全带，遵守有关高空作业安全操作规程。

9.2.4　塔式起重机接地保护装置的安装

塔式起重机主要由金属结构件组成，如果电路漏电，对安全生产威胁很大，所以电气系统必须有良好的绝缘、可靠的接地装置。

塔式起重机安装完毕通电前，用绝缘电阻表测试各部分的对地绝缘电阻，电动机、主电路和控制回路的绝缘电阻不得低于 0.5MΩ。对于塔式起重机上所有电气设备的接地、接零保护应符合下列规定。

① 架空线路终端、总配电盘及区域配电箱与电源变压器距离超过 50m 以上时，其保护零线（PE 线）应作重复接地，接地电阻值应不大于 10Ω。

② 接引至电气设备的工作零线与保护零线必须分开。保护零线严禁装设开关或熔断器。

③ 保护零线和相线的材质应相同，保护零线最小截面应符合表 9-5 中的规定。

表 9-5　保护零线最小截面　　　　　　　　　　　　　mm²

相线截面	保护零线最小截面
$S \leqslant 16$	S
$16 < S < 35$	16
$S \geqslant 35$	$S/2$

④ 塔式起重机应在塔顶处安装避雷针，避雷针应用大于 6mm² 的多芯铜线与塔式起重机保护接地线（PE）相连，接地冲击电阻小于 10Ω（用户自备）。

⑤ 塔式起重机在安装供电前必须将塔式起重机的钢结构进行可靠的保护接地（接地电阻不大于 4Ω），如图 9-16 所示。将塔式起重机附近的保护接地装置，通过 10mm² 的 BVR 导线与机身的第一节标准节上的总电源开关箱处保护接地螺栓相连接（接地电阻小于 4Ω），并有防护措施。在爬升套架上部有另一保护接地螺栓，也用 BVR 的 10mm² 导线与驾驶室内小车控制板上接地螺栓可靠连接。

图 9-16　接地装置图

⑥ 为保证接地电阻小于 4Ω，接地体应置于电阻率较低的潮湿

的土壤中。在高电阻的土壤地区，为降低接地电阻率，可在接地装置中放入食盐水。对埋设的钢管接地极，可在钢管上每隔 20～25cm 钻一个 ϕ5mm 的孔，钻 2～3 排。将接地保护的电缆与第一节标准节上的专用保护接地螺栓连接，并清除螺栓及螺母上的涂料。不允许利用塔式起重机基础内的钢筋作为接地装置。接地装置应由专门人员安装，并应定期检查和测试接地电阻值。

9.2.5 塔式起重机安装后的检查和试验

(1) 安装检验

塔式起重机安装完毕后，安装单位应当按照安全技术标准及安装使用说明书的有关要求对塔式起重机进行检验、调试和试运转。结构、机构和安全装置检验的主要内容和要求见表 9-6，试验和额定荷载试验等性能试验的主要内容见表 9-7。

表 9-6 塔式起重机安装自检记录安装

工程名称			工程地址		
设备编号			出厂日期		
塔式起重机型号			生产厂家		
安装高度			安装日期		
序号	检查项目	标准要求			检验结果
1	金属结构	主要结构件无可见裂纹和明显变形			
		主要连接螺栓齐全,规格和预紧力达到说明书要求			
		主要连接销轴符合出厂要求,连接可靠			
		过道、平台、栏杆、踏板应牢靠,无缺损、无严重锈蚀,栏杆高度≥1m			
		梯子踏板牢固,有防滑性能;距地面大于等于 2m 应设护圈,不中断;不超过 12.5m 设第一个休息平台,后每隔 10m 内设置 1 个			
		附着装置设置位置和附着距离符合方案规定,结构形式正确,附墙与建筑物连接牢固			
		附着杆无明显变形,焊缝无裂纹			
		平衡状态塔身轴线对支承面垂直度误差小于等于 4/1000			
		水平起重臂水平偏斜度小于等于1/1000			

序号	检查项目	标准要求	检验结果
2	顶升与回转	应设平衡阀或液压锁,且与液压缸用硬管连接	
		无中央集电环时应设置回转限位,回转部分在非工作状态下应能自由旋转,不得设置止挡器	
3	吊钩	防脱保险装置应完整可靠	
		钩体无补焊、裂纹,危险截面和钩筋无塑性变形	
4	起升机构	滑轮防钢丝绳跳槽装置应完整、可靠,与滑轮最外缘的间隙小于等于钢丝绳直径的 5%	
		力矩限制器灵敏可靠,限制值小于额定荷载 11%,显示误差小于等于 5%	
		起升高度限位动臂变幅式大于等于 0.8m。小车变幅上回转:2 倍率,≥1m;4 倍率,≥0.7m。小车变幅下回转:2 倍率,≥0.8m;4 倍率,≥0.4m	
		起重量限制器灵敏可靠,限制值小于额定荷载 11%,显示误差小于等于 5%	
5	变幅机构	小车断绳保护装置双向均应设置	
		小车变幅检修挂篮连接可靠	
		小车变幅有双向行程限位、终端止挡装置和缓冲装置,行程限位动作后小车距止挡装置大于等于 0.2m	
		动臂变幅有最大和最小幅度限位器,限制范围符合说明书要求;防止臂架反弹后翻的装置实质上固定可靠	
6	运行机构	运行机构应保证启动、制动平稳	
		在未装配塔身及压重时,任意一个车轮与轨道的支承点对其他车轮与轨道的支承点组成的平面的偏移不得超过轴距公称值的 1/1000	

序号	检查项目	标准要求	检验结果
7	钢丝绳和传动系统	卷筒无破损,卷筒两侧凸缘的高度超过外层钢丝绳两倍直径,在绳筒上最少余留圈数大于等于 3 圈,钢丝绳排列整齐	
		滑轮无破损、裂纹	
		钢丝绳端部固定符合说明书规定	
		钢丝绳实测直径相对于公称直径减小 7% 或更多时	
		丝绳在规定长度内断丝数达到报废标准的,应报废	
		出现波浪形时,在钢丝绳长度不超过 25d 范围内,若波形幅度值达到 4d/3 或以上,则钢丝绳应报废	
		笼状畸变、绳股挤出或钢丝挤出变形严重的钢丝绳应报废	
		钢丝绳出现严重的扭结、压扁和弯折现象应报废	
		绳径局部增大通常与绳芯畸变有关,绳径局部严重增大应报废;绳径局部减小常常与绳芯的断裂有关,绳径局部严重减小也应报废	
		滑轮及卷筒均应安装钢丝绳防脱装置,装置完整、可靠,与滑轮或卷筒最外缘的间隙小于等于钢丝绳直径的 20%	
		钢丝绳穿绕正确,润滑良好,无干涉	
		起升、回转、变幅、行走机构都应配备制动器,工作正常	
		传动装置应固定牢固,运行平稳	
		传动外露部分应设防护罩	
		电气系统对地的绝缘电阻不小于 0.5MΩ	
		接地电阻应不大于 4Ω	
		塔式起重机应单独设置并有警示标志的开关箱	
		保护零线不得作为载流回路	
		应具备完好电路短路缺相、过流保护	
		电源电缆与电缆无破损、老化,与金属接触处有绝缘材料隔离,移动电缆有电缆卷筒或其他防止磨损措施	
		塔顶高度大于 30m,且高于周围建筑物时应安装红色障碍指示灯,该指示灯的供电不应受停机的影响	
		臂架根部铰点高于 50m 应设风速仪	

続表

序号	检查项目	标准要求	检验结果
8	轨道及基础	行走轨道端部止挡装置与缓冲设置齐全、有效	
		行走限位制停后距止挡装置大于等于1m	
		防风夹轨器有效	
		清轨板与轨道之间的间隙应不大于5mm	
		支承在枕木或路基箱上,钢轨接头位置两侧错开大于等于1.5m,间隙小于等于4mm,高差小于等于2mm	
		轨距误差小于1/1000且最大应小于6mm,相邻两根间距小于等于6m	
		排水沟等设施畅通,路基无积水	
9	驾驶室	性能标牌齐全、清晰	
		门窗和灭火器、雨刷等附属设施齐全、有效	
10	平衡重和压重	安装准确、牢固可靠	

自检结论:

自检人员:

单位或项目技术负责人:

年　月　日

表9-7　塔式起重机荷载试验记录表

工程名称		设备编号		
塔式起重机型号		安装高度		
荷载	试验工况	循环次数	检验结果	结论
空载试验	运转情况			
	操纵情况			
额定起重量	最小幅度最大起重量			
	最大幅度额定起重量			
	任一幅度处额定起重量			

试验组长:

试验技术负责人:

试验日期:

电　工:

操作人员:

　　安装单位自检合格后,再由有相应资质的检验检测机构监督检验合格。监督检验合格后,塔式起重机使用单位应当组织产权(出租）、安装和监理等有关单位进行综合验收，验收合格后方可投入使用，未经验收或者验收不合格的不得使用。实行总承包的，由总承包单位组织产权（出租）、安装、使用和监理等有关单位进行验收。塔式起重机综合验收记录表见表 9-8。

表 9-8　塔式起重机综合验收记录表

使用单位		塔式起重机型号	
设备所属单位		设备编号	
工程名称		安装日期	
安装单位		安装高度	
检验项目	检查内容		检验结果
技术资料	制造许可证、产品合格证、制造监督检验证明、产权备案证明齐全、有效		
	安装单位的相应资质、安全生产许可证及特种作业岗位证书齐全、有效		
	安装方案、安全交底记录齐全、有效		
	隐蔽工程验收记录和混凝土强度报告齐全、有效		
	塔式起重机安装前零部件的验收记录齐全、有效		
标识与环境	产品铭牌和产权备案标识齐全		
	塔式起重机尾部与建筑物及施工设施之间的距离不小于 0.6m，两台塔式起重机水平与垂直方向距离不小于 2m，与输电线的距离符合 GB 5144—2006《塔式起重机安全操作规程》的规定		
自检情况	自检记录齐全有效		
监督检验情况	监督检验报告有效		
安装单位验收意见： 技术负责人签章：　　　　　　日期：		使用单位验收意见： 项目技术负责人签章：　　　　日期：	
监理单位验收意见： 项目总监签章：　　　　　　　日期：		总承包单位验收意见： 项目技术负责人签章：　　　　日期：	

（2）性能试验

① 空载试验　接通电源后进行塔式起重机的空载试验，其内容和要求如下。

a. 操作系统、控制系统、联锁装置动作准确、灵活。

b. 起升高度、回转、幅度和行走限位器的动作可靠、准确。

c. 塔式起重机在空载状态下，操作起升、回转、变幅和行走等动作，检查各机构中无相对运动部位是否有漏油现象，有相对运动部位的渗漏情况，各机构动作是否平稳，是否有爬行、振颤、冲击、过热和异常噪声等现象。

②额定荷载试验

a. 额定荷载试验主要是检查各机构运转是否正常。

b. 测量起升、变幅、回转和行走的额定速度是否符合要求。

c. 测量驾驶员室内的噪声是否超标。

d. 检验力矩限制器、起重量限制器是否灵敏可靠。

额定荷载试验内容和方法见表9-9。要求每一工况的试验不得少于3次，对于各项参数的测量，取其3次测量的平均值。

表 9-9　额定荷载试验的内容和方法

序号	工况	试验范围					试验目的
		起升	变幅		回转	行走	
			动臂变幅	小车变幅			
1	最大幅度相应的额定起重量	在起升全范围内以额定速度进行起升、下降，在每一起升、下降过程中进行不少于3次的正常制动	在最大幅度和最小幅度之间，以额定速度俯仰变幅	在最大幅度和最小幅度之间，小车以额定速度进行两个方向的变幅	吊重以额定速度进行左右回转。对不能全回转的起重机，应超过最大回转角	以额定速度往复行走。臂架垂直轨道，吊重离地500mm，单向行走距离不小于20 m	测量各机构的运行速度，机构及驾驶室噪声，力矩限制器、起重量限制器、重量限制器精度
2	最大额定起重量相应的最大幅度		不试	吊重在最小幅度和对应于该吊重的最大幅度之间，以额定速度进行两个方向的变幅			
3	具有多挡变速的起升机构，每挡速度允许的额定起重量		不试				测量每挡工作速度

注：1. 对于设计规定不能带载变幅的动臂式起重机，可以不按本表规定进行带载变幅试验。

2. 对于可变速的其他机构，应进行试验并测量各挡工作速度。

第9章　塔式起重机的安装和拆卸 ▶▶ 253

③ 超载 10％动载试验　试验荷载取额定起重量的 110％，检查塔式起重机各机构运转的灵活性和制动器的可靠性；卸载后，检查机构及结构件有无松动和破坏等异常现象。一般用于塔式起重机的型式检验和出厂检验。超载 10％动载试验内容和方法见表 9-10。根据设计要求进行组合动作试验，每一工况的试验不得少于 3 次，每一次的动作停稳后再进行下一次。塔式起重机各动作按使用说明书的要求进行操作，必须使速度和加（减）速度限制在塔式起重机限定范围内。

表 9-10　超载 10％动载试验的试验方法和内容

序号	工况	试验范围					试验目的
		起升	动臂变幅	小车变幅	回转	行走	
1	在最大幅度时吊起相应额定起重量的 110％	在起升高度范围内，以额定起升速度进行起升、下降	在最大幅度和最小幅度之间，臂架以额定速度俯仰变幅	在最大幅度和最小幅度之间，以额定速度进行两个方向的变幅	以额定速度进行左右回转。对不能全回转的塔式起重机，应超过最大回转角	以额定速度进行往复行走。臂架垂直于轨道。吊重离地 50mm 单向行走距离不小于 20m	根据设计要求进行组合动作试验，并测检查各机构运转的灵活性和制动性能的可靠性。卸载后检查机构及结构部件有无松动和破坏等异常现象
2	吊起最大额定起重量的 110％，在该吊重相应的最大幅度时		不试	在最小幅度对应该吊重的最大幅度之间，小车以额定速度进行两个方向的变幅			
3	在上两个幅度的中间幅度处，吊起相应额定起重量的 110％						
4	具有多挡变速的起升机构，每挡速度允许的额定起重量的 110％		不试				

注：对设计规定不能带载变幅的动臂式塔式起重机，可以不按本表规定进行带载变幅试验。

④ 超载 25％静载试验　试验荷载取额定起重量的 125％，主要是考核塔式起重机的强度及结构承载力，吊钩是否有下滑现象；卸载后塔式起重机是否出现可见裂纹、永久变形、油漆剥落、连接松动及对塔式起重机性能和安全有影响的损坏。一般用于塔式起重机的型式检验和出厂检验。超载 25％静载试验内容和方法见表9-11，试验时臂架分别位于与塔身成 0°和 45°两个方位。

表 9-11　超载 25％静载试验内容和方法

序 号	工 况	起 升	试 验 目 的
1	在最大幅度时,起吊相应额定起重量的 125％	吊重离地面 100～200mm 处,并在吊钩上逐次增加重量至1.25 倍,停留 10min后同一位置测量并进行比较	检查制动器可靠性,并在卸载后目测检查塔式起重机是否出现可见裂纹、永久变形、油漆剥落、连接松动及其他可能对塔式起重机性能和安全有影响的隐患
2	吊起最大起重量的 125％,在该吊重相应的最大幅度时		
3	在上两个幅度的中间处,相应额定起重量的 125％		

注：1. 试验时不允许对制动器进行调整。

2. 试验时允许对力矩限制器、起重量限制器进行调整，试验后应重新将其调整到规定值。

9.3　塔式起重机的拆卸

一般来说，塔式起重机的拆卸过程就是安装过程的逆过程。但是安装和拆卸的周围环境不同，拆卸时建筑物已经建好，场地受限制，因此操作要更加小心谨慎。

9.3.1　上回转自升式塔式起重机标准节的拆除

自升式塔式起重机塔体很高，首先是拆除标准节降低塔高。

① 起重臂转到正前方，将回转制动。小车往外开，平衡后倾力矩，使被顶升部分（塔式起重机上部回转部分）的重心与顶升液压缸轴线重合，必要时还要增加附加重量。

② 拆掉最上面标准节的上下连接螺栓，将引进滚轮架套在其四根主弦杆下端，滚轮对准引进横梁。启动泵站，使顶升液压缸活塞杆伸出，将顶升横梁准确地嵌入下一个顶升支板槽内。再顶起塔式起重机上部，带动引进横梁升高，将引进滚轮嵌在引进横梁上，

再略提起，使最上面的标准节与下面的标准节完全脱离，这时将标准节拉出来，如图 9-17 所示。

图 9-17　标准节拆除

1—锁销；2—连接销轴；3—标准节；4—引进横梁；
A—拆除连接销轴；B—顶升塔式起重机上部；C—引出标准节

③ 使液压缸回缩，同时用绳牵引活动爬爪的尾部使之立起来，躲开最上面一个顶升支板，继续下降，使活动爬爪搭在下一个顶升支板的顶面。

④ 液压缸再略回缩，将顶升横梁从顶升支板槽内抽出。然后液压缸再伸出，使顶升横梁搭到下一个顶升支板槽内。液压缸略伸出，顶起塔式起重机上部，使活动爬爪翻转，躲开刚搭接的支耳板。液压缸回缩，塔式起重机上部继续下降，直到回转下支座接触下一个标准节顶部。

⑤ 用连接螺栓将回转下支座与顶部标准节连接起来，此时可以只装一个螺母，但不可以不装连接螺栓就起吊。用起升吊钩卸下刚拉出来的标准节。

⑥ 按③～⑤的步骤，继续卸除标准节，降低塔式起重机高度。

当顶升套架下部离附着架不到一个标准节高度时，应先拆附着架，然后再拆标准节。当套架下部快碰到底架撑杆时，先拆除撑杆，再继续拆标准节，直到顶升套架完全降下来为止。

9.3.2 上回转自升式塔式起重机的拆除

上回转自升式塔式起重机的拆除应严格按照下述顺序进行：首先拆平衡重，然后拆起重臂，再拆平衡臂，最后拆其他部分。否则，就有倒塔的危险。

① 拆除平衡重。用汽车吊拆除平衡重。对于大而长的平衡臂，可以保留1~2块平衡重，以平衡起重臂过大的前倾力矩；对于长度在50m以下的固定式塔式起重机，可把平衡重全部拆完。但在拆除起重臂架之前绝不可先拆平衡臂。

② 拆除起重臂。用汽车吊吊起起重臂，略微上翘，拆除起重臂拉杆，使之搁在臂架上弦的固定卡板槽内，然后再拆除起重臂根部的连接销，如图9-18所示。注意在拆除平衡重之前，绝不许拆

(a) 双拉杆连接板　　　　　　　(b) 吊起起重臂

(c) 拉杆放置于起重臂上
固定卡板槽内

图 9-18　起重臂拆除

1，2—起重臂拉杆

除起重臂或起重臂拉杆。

③ 拆除剩余的平衡重块，然后拆除平衡臂。

④ 拆除回转塔身和塔帽的组合体。

⑤ 拆除回转部分的总成组合体。

⑥ 拆除顶升套架。

⑦ 拆除底节和底架。

第10章 塔式起重机驾驶员操作技术

10.1 塔式起重机基本操作要求

10.1.1 塔式起重机的安全装置要求

(1) 起升高度限位器

塔式起重机的吊钩装置起升到下列规定的极限位置或距离时，应自动切断起升动作电源。

① 对动臂变幅的塔式起重机，当吊钩装置顶部升至起重臂下端的极限距离应为800mm。

② 上回转的小车变幅塔式起重机，吊钩装置顶部升至小车架下端的极限位置应符合下列规定：起升钢丝绳的倍率为2倍率时，其极限位置应为1000mm；起升钢丝绳的倍率为4倍率时，其极限位置应为700mm。

(2) 幅度限位器

对塔式起重机幅度限位器有以下要求。

① 对动臂变幅的塔式起重机，应设置幅度限位开关，在臂架到达相应的极限位置前开关动作，停止臂架再往极限方向变幅。

③ 对小车变幅的塔式起重机，应设置小车行程限位开关和终端缓冲装置。限位开关动作后应保证小车停车时其端部距缓冲装置最小距离为200mm。

(3) 回转限位器

对回转处不设集电器供电的塔式起重机，应设置正反两个方向回转限位开关，开关动作时臂架旋转角度应不大于±540°。

(4) 大车运行限位器

对于轨道运行的塔式起重机，每个运行方向应设置限位装置，其中包括限位开关、缓冲器和终端止挡；应保证开关动作后塔式起重机停车时其端部距缓冲器最小距离为1000mm，缓冲器距终端止挡器最小距离为1000mm。

(5) 起重力矩限制器

对塔式起重机的起重力矩限制器有以下要求。

① 当起重力矩大于相应幅度额定值并小于额定值的110%时，应停止上升和向外变幅动作。

② 起重力矩限制器控制定码变幅的触点和控制定幅变码的触点应分别设置，且能分别调整。

③ 对小车变幅的塔式起重机，其最大变幅速度超过40m/min，在小车向外运行，且起重力矩达到额定值的80%时，变幅速度应自动转换为不大于40m/min的速度运行。

(6) 起重量限制器

当起重量大于相应幅度额定起重量并小于额定起重量的110%时，应停止上升方向动作，但应有下降方向动作；具有多挡变速的起升机构，限制器应对各挡位具有防止超载的作用。

(7) 小车变幅的断绳保护装置

对小车变幅塔式起重机应设置双向小车变幅断绳保护装置。

(8) 小车防坠落装置

对小车变幅塔式起重机应设置小车防坠落装置，即使车轮失效小车也不得脱离臂架坠落。

(9) 钢丝绳防脱装置

滑轮、起升卷筒及动臂变幅卷筒均应设有钢丝绳防脱装置，该装置表面与滑轮或卷筒侧板外缘间的间隙应不超过钢丝绳直径的20%，装置可能与钢丝绳接触的表面不应有棱角。

(10) 报警装置

塔式起重机应装有报警装置。在塔式起重机达到额定起重力矩或额定起重量的90%以上时，装置应能向驾驶员发出断续的声光报警；在塔式起重机达到额定起重力矩或额定起重量的100%以上时，装置应能发出连续清晰的声光报警，且只有在荷载降低到额定工作能力 100％以内时连续报警才能停止。

(11) 夹轨器

对轨道运行式塔式起重机，应设置夹轨器。在工作时，应保证夹轨器不妨碍塔式起重机运行。

(12) 指示灯

塔顶高于 30m 的塔式起重机，其最高点及臂端应安装红色障碍指示灯，其供电应不受停机影响；整体拖运的塔式起重机应安装示宽、刹车及转向指示灯。

(13) 风速仪

对臂根铰接点高度超过 50m 的塔式起重机，应配备风速仪，当风速大于工作允许风速时，应能发出停止作业的警报。

10.1.2 塔式起重机的液压系统要求

对塔式起重机的液压系统有以下要求。

① 塔式起重机的液压系统应设有防止过载和液压冲击的安全装置，安全溢流阀的调整压力不得大于系统额定工作压力 110％。

② 液压系统中应设置滤油器和其他防止污染的装置，过滤精度应符合系统中选用的液压元件的要求。

③ 液压油应符合所选油类的性能标准，并能适应工作环境的温度。

④ 油箱应有足够的容量，并能使液压系统的油温保持在正常工作温度范围内，最高油温不超过 35℃。

10.1.3 塔式起重机的电源电器要求

对塔式起重机电源电器有以下要求。

① 采用三相五线制供电时，供电线路的零线应与塔式起重机的接地线严格分开。

② 在正常工作条件下，供电系统在塔式起重机馈线接入处的电压波动应不超过额定值的 10％。

③ 塔式起重机主体结构、电动机机座和所有电气设备的金属外壳、导线的金属保护管都应可靠接地，其接地电阻不应大于 4Ω；重复接地，其接地电阻值应不大于 10Ω。

④ 电气系统应有可靠的自动保护装置，具有短路保护、过流

保护及缺相保护等功能。

⑤ 各机构运行控制电路中，应有防止驾驶员误操作的保护措施。

⑥ 各限位开关应安全可靠；在脱离接触并返回正常工作状态后，限位开关能复位；当设有极限开关时，应能手动复位。

⑦ 对设有防护罩的电动机其防护罩不能影响电动机散热，电动机安装位置应满足通风冷却要求，并便于检修。

⑧ 配电箱应有门锁，门外应设置有电危险的警示标志；配电箱、联动操纵台、控制盘和接线盒上的所有导线端部、接线端子应有正确的标记、编号，并与电气原理图、电气布线图一致。

⑨ 沿塔身垂直悬挂的电缆应使用瓷瓶固定，其数量应根据电缆的规格、型号、长度及塔式起重机工作环境确定，以保证电缆自重产生的拉应力不超过电缆的机械强度和防止其他因素引起的机械磨损。

10.1.4 高强度螺栓和销轴的连接要求

塔式起重机主要受力构件的螺栓连接应采用高强度螺栓。对塔式起重机高强度螺栓和销轴的连接有以下要求。

① 高强度螺栓应有性能等级符号标识和合格证书。

② 塔身标准节、回转支承等受力连接用高强度螺栓应提供楔荷载合格证明。

③ 标准节连接螺栓应不采用锤击即可顺利穿入，螺栓按规定紧固后主肢端面接触面积不小于应接触面的70%。

④ 销轴连接应有可靠的轴向定位。

10.1.5 塔式起重机的工作运行要求

塔式起重机机构的工作速度允许偏差应不超过其设计值的±5%。

① 回转机构在回转时，应保证启动和制动平稳；在非工作状态下，回转机构应允许臂架随风自由转动。

② 起升机构在运行时应保证启动和制动平稳；吊重在空中停止后，重复慢速起升时，不允许吊重有瞬时下滑现象；起升机构应具有慢就位性能，不允许有单独靠重力下降的运动；慢速下降的速度根据起重量的大小确定，但不得大于9m/min。

③ 变幅机构在变幅时，应保证启动和制动平稳；对于动臂变幅的塔式起重机，不允许有单独靠重力下降的运动；对能带载变幅的变幅机构除满足变幅过程的稳定性外，还应设有可靠的防止起重臂坠落的安全装置。

④ 轨道式塔式起重机行走机构在运行时，应保证启动和制动平稳。

⑤ 操纵机构的各操作动作应相互不干扰和不会引起误操作；各操纵件应定位可靠，不得发生自动离位。

10.2 塔式起重机驾驶员的基本操作

10.2.1 塔式起重机驾驶员的基本要求

① 驾驶员必须进行专门培训，经劳动部门考核发证方可独立操作。

② 驾驶员应每年进行身体检查，酒后或身体有不适应症者不能操作。

③ 实行专人专机制度，严格执行交接班制度，非驾驶员不准操作。

④ 驾驶员应熟知机械原理、保养规则、安全操作规程和指挥信号并严格遵照执行。

⑤ 新安装和经修复的塔式起重机，必须按规定进行试运转，经有关部门确认合格后方可使用。

⑥ 驾驶员必须按所驾驶塔式起重机的起重性能进行作业。

⑦ 塔式起重机驾驶员必须熟知下列知识和操作能力：所操控的起重机的构造和技术性能；起重机安全技术规程和制度；起重量与工作幅度、起升速度与机械稳定性之间的关系；钢丝绳的类型、鉴别、保养与安全系数的选择；一般仪表的使用及电气设备常见故障的排除；钢丝绳接头的穿结（卡接、插接）；吊装构件质量计算；操作中能及时发现或判断各机构故障，并能采取有效措施；制动器突然失效能进行紧急处理。

10.2.2 交接班制度

交接班制度是塔式起重机使用管埋的一项非常重要的制度，明确了交接班驾驶员的职责，交接程序和内容，包括对塔式起重机的检查、设备运行情况记录、存在的问题和应注意的事项等。交接班应进行口头交接，填写交接班记录，并经双方签字确认。

(1) 交班驾驶员职责

① 检查塔式起重机的机械、电器部分是否完好。

② 将空钩升到上极限位置，各操作手柄置于零位，切断电源。

③ 交接本班塔式起重机运转情况、保养情况及有无异常情况。

④ 交接塔式起重机随机工具、附件等情况。

⑤ 打扫卫生，保持清洁。

⑥ 认真填写好设备运转记录和交接班记录，交接班记录见表10-1。

表10-1 塔式起重机驾驶员交接班记录

工程名称		塔式起重机编号		
塔式起重机型号		运转台时	天气	
序号	检查项目及要求	交班检查		接班检查
1	保持各机构整洁，及时清扫各部位灰尘，作业处无杂物			
2	固定基础或轨道应符合要求			
3	各部结构无变形，螺栓紧固，焊缝无裂纹或开焊			
4	减速器润滑油油质和油量符合要求			
5	接通电源前各控制开关应处于零位，操作系统灵活准确，电器元件牢固正常			
6	制动器动作灵活，制动可靠			
7	吊钩及各部滑轮转动灵活，无卡塞现象			
8	各部钢丝绳应完好，固定端牢固，缠绕整齐			

序号	检查项目及要求	交班检查	接班检查
9	安全保护装置灵敏可靠,吊钩保险和卷筒保险牢固有效		
10	附着装置安全可靠		
11	空载运转一个作业循环,机构无异常		
12	本班设备运行情况		
13	本班设备作业项目及内容		
14	本班应注意的事项		

交班人(签名):

交接时间:

接班人(签名):

年　月　日　时　分

(2) 接班驾驶员职责

① 认真听取上一班驾驶员工作情况介绍。

② 仔细检查塔式起重机各部件,按表 10-1 进行班前试车,并做好记录。

③ 使用前必须进行空载试验运转,检查限位开关、紧急开关、行程开关等是否灵敏可靠,如有问题应及时修复,确认完好后方可使用。

④ 检查吊钩、吊钩附件、索具吊具是否安全可靠。

塔式起重机多人、多班作业,应组成机组,实行机长负责制,确保作业安全。机长带领机组人员坚持业务学习,不断提高业务水平,认真完成生产任务;机长带领及指导机组人员共同做好塔式起重机的日常维护保养,保证塔式起重机的完好与整洁;机长带领机组人员严格遵守塔式起重机安全操作规程;机长督促机组人员认真落实交接班制度。

10.2.3 塔式起重机的安全操作

(1) 操作前的安全检查

① 轨道及路基应安全可靠。松开夹轨器,按规定的方法将夹

轨器固定好，确保在行走过程中，夹轨器不卡轨。

②塔式起重机各主要螺栓、销轴应连接牢固，钢结构焊缝不得有裂纹或开焊。

③检查电气部分。开机前应检查工地电源状况，塔式起重机接地是否良好，电缆接头是否可靠，电缆线是否有破损及漏电等现象，检查完毕并确认符合要求后，方可合上塔式起重机底部开关箱电源开关送电。确认各控制器置于零位后，闭合操作室内的空气开关，电源接入主电路及控制回路；接下总启动按钮使总接触器吸合，通电指示灯亮，塔式起重机处于待命工作状态，这时才可以实现对各机构的控制与操作。

④检查机械传动减速机的润滑油量和油质。

⑤检查制动器。检查各工作机构的制动器应动作灵活，制动可靠；液压油箱和制动器储油装置中的油量应符合规定，并且油路无泄漏。

⑥吊钩及各部滑轮、导绳轮等应转动灵活，无卡塞现象，各部钢丝绳应完好，固定端应牢固可靠。

⑦按使用说明书检查高度限位器的距离。

⑧检查塔式起重机与周围障碍物的安全操作距离。

⑨试运转。驾驶员在作业前必须经过下列各项检查，确认完好，方可开始作业：空载运转一个作业循环，试吊重物，核定和检查大车行走、起升高度、幅度等限位装置及起重力矩起重量限制器等安全保护装置。

(2) 附着装置的安全检查

对于附着式塔式起重机，应对附着装置进行检查。

①塔身附着框架的检查　附着框架在塔身节上的安装必须安全可靠，并应符合使用说明书中的有关规定；附着框架与塔身节的固定应牢固；各连接件不应缺少或松动。

②附着杆的检查　与附着框架的连接必须可靠；附着杆有调整装置的应、按要求调整后锁紧；附着杆本身的连接不得松动。

③附着杆与建筑物的连接情况　与附着杆相连接的建筑物不应有裂纹或损坏；在工作中附着杆与建筑物的锚固连接必须牢固，不应有错动，各连接件应齐全、可靠。

起重机遭到风速超过 25m/s 的暴风（相当于 9 级风）袭击，或经过中等地震后，必须进行全面检查，经企业主管技术部门认可，方可投入使用。

(3) 塔式起重机的安全操作

① 驾驶员必须熟悉所操作的塔式起重机的性能，操作时必须集中精力，并严格按说明书的规定作业。

② 驾驶员必须熟练掌握标准规定的通用手势信号和有关的各种指挥信号，并与指挥人员密切配合；驾驶员必须服从指挥人员的指挥；当指挥信号不明时，驾驶员应发出"重复"信号询问，明确指挥意图后，方可操作。

③ 塔式起重机开始作业时，驾驶员应首先发出音响信号，以提醒作业现场人员注意。在吊运过程中，驾驶员对任何人发出的"紧急停止"信号都应服从。

④ 起重机驾驶员起吊重物必须严格执行"十不吊"的原则，即：吊装物质量不明或被吊物质量超过起重性能允许范围；信号不清、夜间作业照明不良；吊物下方有人或吊物上站人；吊拔埋在地下或粘接在地面、设备上的重物；斜拉斜牵；散物捆绑不牢或棱刃物与捆绑绳间无衬垫；立式构件、大灰斗、大模板等不用卡环；零碎物无容器或罐体内盛装液体过满；机械故障；5～6 级大风和恶劣气候。

⑤ 起重机上各种安全保护装置运转中发生故障、失效或不准确时，必须立即停机修复，严禁带病作业和在运转中进行维修保养。

⑥ 重物的吊挂必须符合以下要求：严禁用吊钩直接吊挂重物，吊钩必须用吊具、索具吊挂重物；起吊短碎物料时，必须用强度足够的网、袋包装，不得直接捆扎起吊；起吊细长物料时，物料最少必须捆扎 2 处，在整个吊运过程中应使物料处于水平状态；起吊的重物在整个吊运过程中不得摆动、旋转；不得吊运悬挂不稳的重物；吊运体积大的重物，应拉溜绳；不得在起吊的重物上悬挂任何重物。

⑦ 必须在安全可靠的状态下使用和操作塔式起重机。操纵控制器时必须从零挡开始，逐级推到所需要的挡位；传动装置做反方

向运动时，控制器先回零位，然后再逐挡逆向操作，禁止越挡操作和急开急停。吊运重物时，不得猛起猛落，以防吊运过程中发生散落、松绑、偏斜等情况。起吊时必须先将重物吊离地面 0.5m 左右停住，确定制动、物料捆扎、吊点和吊具无问题后，方可按照指挥信号操作。在起升过程中，当吊钩滑轮组接近起重臂 5m 时，应用低速起升，严防与起重臂顶撞。严禁采用自由下落的方法下降吊钩或重物；当重物下降距就位点约 1m 处时，必须采用慢速就位。塔式起重机行走到距限位开关碰块约 3m 处时，应减速停车。作业中平移起吊重物时，重物高出其所跨越障碍物的高度不得小于 1m。对于无中央集电环及起升机构不安装在回转部分的塔式起重机，回转作业时不得顺一个方向连续回转。作业中，临时停歇或停电时，必须将重物卸下，升起吊钩；将各操作手柄（钮）置于"零位"，并将总电源切断。驾驶员不得操作无安全装置和安全装置失效的塔式起重机；机械发生故障时必须立即排除或上报主管部门派专业人员判断并及时排除故障；塔式起重机在作业中，严禁对传动部分、运动部分以及运动件所及区域进行维修、保养、调整等工作。

⑧ 作业中遇有下列八种情况之一应停止作业：恶劣气候，如大雨、大雪、大雾和大风；塔式起重机出现漏电现象；钢丝绳磨损严重以及扭曲、断股、打结或出槽；钢丝绳在卷筒上出现爬绳、乱绳、啃绳和各层间绳索互相塞挤等情况；安全保护装置失效；传动机构出现异常现象；金属结构部分发生变形；发生其他妨碍作业及影响安全的故障。

⑨ 驾驶员必须在规定的通道内上下塔式起重机；上下塔式起重机时，不得握持任何物件。

⑩ 禁止在塔式起重机各个部位乱放工具、零件或杂物，严禁从塔式起重机上向下抛掷物品。

⑪ 多机作业时，应避免各塔式起重机在回转半径内重叠作业；在特殊情况下，需要重叠作业时，必须有专项安全技术交底。

⑫ 起升或下降重物时，重物下方禁止有人通行或停留。

⑬ 驾驶员必须专心操作，作业中不得离开驾驶室或看、听与作业无关的书报、视频和音频等。

⑭ 塔式起重机运转时，驾驶员不得离开操作位置。

⑮ 塔式起重机作业时，禁止无关人员上下塔式起重机。

⑯ 驾驶室内不得放置易燃和妨碍操作的物品，严防触电和火灾；驾驶室的玻璃应保持清洁，不得影响驾驶员的视线。

(4) 每班作业后的要求

① 当轨道式塔式起重机结束作业后，驾驶员应把塔式起重机停放在不妨碍回转的位置。

② 在停止作业后，凡是回转机构带有止动装置或常闭式制动器的塔式起重机，驾驶员必须松开制动器，禁止限制起重臂随风转动。

③ 动臂式塔式起重机将起重臂放到最大幅度位置；小车变幅塔式起重机把小车开到说明书中规定的位置，并且将吊钩起升到最高点，吊钩上严禁吊挂重物。

④ 把各控制器拉到零位，切断总电源，收好工具，关好所有门窗并加锁，夜间打开红色障碍指示灯。

⑤ 凡是在底架以上无栏杆的各个部位做检查、维修、保养和加油等工作时，必须系安全带。

⑥ 填好当班履历表及各种记录。

⑦ 锁紧夹轨器。

10.3 塔式起重机驾驶员操作考试实例

10.3.1 起吊水箱定点停放操作

(1) 场地要求

QTZ 系列固定式塔式起重机 1 台，起升高度在 20～30m；吊物：水箱 1 个，边长 1000mm×1000mm×1000mm，水面距箱口 200mm，吊钩距箱口 1000mm；平面摆放位置和场地的图形尺寸，如图 10-1 和表 10-2 所示；其他器具：起重吊运指挥信号用红、绿色旗 1 套，指挥用哨子 1 只，计时器 1 个及个人防护用品。

表 10-2　场地图形的尺寸

起升高度 H	S_1	S_2	D_1	D_2	D_3
$20 \leqslant H \leqslant 30$	18.0	13.0	1.7	1.9	2.1
$H > 30$	18.0	13.0	1.8	2.0	2.2

图 10-1　水箱定点停放平面示意图

（2）操作要求

驾驶员接到考官发出的指挥信号后，将水箱由 A 位吊起，先后放入 B 圆、C 圆内；再将水箱由 C 处吊起，返回 B 圆、A 圆内；最后将水箱由 A 位吊起，直接放入 C 圆内。水箱由各处吊起时均距地面 4000mm，每次下降途中准许各停顿 2 次。

完成上述动作，推荐时间为 4min。塔式起重机高度较大、吊索较长，稳定时间应长一些。考试满分为 40 分，扣分标准见表 10-3。

表 10-3　起吊水箱定点停放考试评分标准

序号	扣　分　项　目	扣分值
1	送电前,各控制器手柄未放在零位	5分
2	作业前,未进行空载运转	5分
3	回转、变幅和吊钩升降等动作前,未发出音响信号示意	5分/次
4	水箱出内圆(D_1)	2分
5	水箱出中圆(D_2)	4分
6	水箱出外圆(D_3)	6分
7	洒水	1~3分/次
8	未按指挥信号操作	5分/次
9	起重臂和重物下方有人停留、工作或通过,未停止操作	5分
10	停机时,未将每个控制器拨回零位的,未依次断开各开关,未关闭操纵室门窗	5分/项

(3) 操作步骤

先送电，各仪表正常，空载试运转，无异常，驾驶员接到考官发出的指挥信号后进行下述操作。

① 先鸣铃，再根据起重臂所在位置，左手握住左手柄，左（右）扳动使起重臂回转：先将手柄扳到 1 挡慢慢开动回转，回转启动后可以逐挡推动操作手柄，加快回转速度；当起重臂距离 A 圆较近时逐挡扳回操作手柄至零位，减速回转，使起重臂停止在 A 圆正上方。

② 先鸣铃，然后根据小车位置推（拉）左操作手柄使变幅小车前（后）方向移动，将手柄依次逐挡推动，加快变幅速度；当变幅小车离 A 圆较近时，将手柄逐挡扳回 1 挡；当变幅小车到达 A 圆正上方时，将手柄扳回零位，小车停止移动。

③ 在左手动作（②步）的同时，右手可以同时动作：右手握住右手柄，前推右手柄落钩，将手柄依次逐挡推动，加快吊钩下降速度；当吊钩离 A 圆水箱较近时，将手柄逐挡扳回 1 挡，减速下降；当吊钩距水箱约 800mm 高时，将手柄扳回零位，吊钩停止下降。

④ 在 A 圆内挂好水箱后，先鸣铃，后扳右手柄将水箱吊起，将手柄依次逐挡拉动，加快吊钩上升速度；当水箱离地面接近 4000mm 高时，将手柄逐挡扳回 1 挡，减速上升，将手柄扳回零位，吊钩停止上升。

⑤ 先鸣铃，左手握住左手柄向右扳动使起重臂右转，先将手柄扳到 1 挡慢慢开动回转，回转启动后可以将手柄依次逐挡推动操作手柄，加快回转速度；当起重臂距离 B 圆较近时，逐挡扳回操作手柄至零位，减速回转，使起重臂停止在 B 圆正上方。

⑥ 先鸣铃，然后向后回拉左操作手柄使变幅小车向后方向移动，将手柄依次逐挡推动，加快变幅速度；当变幅小车离 B 圆较近时，将手柄逐挡扳回 1 挡；当变幅小车到达 B 圆正上方时，将手柄扳回零位，小车停止移动。

⑦ 在左手动作（⑥步）的同时，右手可以同时动作：右手握住右手柄，前推右手柄落钩，将手柄依次逐挡推动，加快水箱下降速度；当水箱离 B 圆较近时，将手柄逐挡扳回 1 挡，减速下降；

当水箱落到地面时，将手柄扳回零位，吊钩停止下降。

⑧ 重复④、⑤、⑦操作方法把水箱运到 C 圆内，用同样方法将水箱返回放入 B 圆、A 圆内。

⑨ 最后按④、⑤、⑦步骤将水箱由 A 圆吊起，直接放入 C 圆内。

10.3.2 起吊水箱在标杆区内运行和击落木块操作

(1) 场地要求

QT2 系列固定式塔式起重机 1 台，起升高度在 20m 以上 30m 以下；吊物：水箱 1 个，水箱边长 1000mm×1000mm× 1000mm，水面距箱口 200mm，吊钩距桶口 1000mm；标杆 23 根，每根高 2000，直径 20～30mm；底座 23 个，每个直径 300mm，厚度 10mm；立柱 5 根，高度依次为 1000mm、1500mm、1800mm、1500mm、1000mm，均布在 CD 弧上；立柱顶端分别放置 200mm×200mm×200mm 的木块；平面摆放位置和场地的图形尺寸，如图 10-2 和表 10-4 所示；其他器具：起重吊运指挥信号用红、绿色旗 1 套，指挥用哨子 1 只，计时器 1 个及个人防护用品。

图中：
· 表示标杆
⊕ 表示放置木块的立柱
→ 表示运行方向

图 10-2 起吊水箱在标杆区内运行和击落木块示意图

表 10-4　场地图形的尺寸　　　　　　　　　　　m

起升高度 H	S_1	S_2	S_3	R
$20 \leqslant H \leqslant 30$	15.0	2.0	2.5	19.0
$H > 30$	15.0	2.2	2.5	19.0

（2）操作要求

驾驶员接到考官发出的指挥信号后，将水箱由 A 位吊离地面1000mm，按图示路线在标杆内运行，行至 B 处上方，即反向旋转，并用水箱依次将立柱顶端的木块击落，最后将水箱放回 A 位。在击落木块的运行途中不准开倒车。

完成上述动作，推荐时间为 4min。考试满分为 40 分，扣分标准见表 10-5。

表 10-5　起吊水箱在标杆区内运行和击落木块扣分标准

序号	扣 分 项 目	扣分值
1	送电前，各控制器手柄未放在零位	5 分
2	作业前，未进行空载运转	5 分
3	回转、变幅和吊钩升降等动作前，未发出声响信号示意	5 分/次
4	碰杆	2 分/次
5	碰倒杆	3 分/次
6	碰立柱	3 分/次
7	未击落木块	3 分/个
8	未按指挥信号操作	5 分/次
9	起重臂和重物下方有人停留、工作或通过，未停止操作	5 分
10	停机时，未将每个控制器拨回零位的，未依次断开各开关，未关闭驾驶室门窗	5 分/项

（3）操作步骤

先送电，各仪表正常，空载试运转，无异常，驾驶员接到考官发出的指挥信号后进行下述操作。

① 先鸣铃，再根据起重臂所在位置，左手握住左手柄左（右）扳动使起重臂回转；先将手柄扳到 1 挡慢慢开动回转，回转启动后可以将手柄依次逐挡推动，加快回转速度；当起重臂距离 A 位较

近时，逐挡扳回操作手柄至零位，减速回转，使起重臂停止在 A 位正上方。

②先鸣铃，然后根据小车位置推（拉）左操作手柄使变幅小车前（后）方向移动，启动后将手柄依次逐挡推动，加快变幅速度；当变幅小车离 A 位较近时，将手柄逐挡扳回 1 挡；当变幅小车到达 A 位上方时，将手柄扳回零位，小车停止移动。

③在左手动作（②步）的同时，右手可以同时动作：右手握住右手柄，前推右手柄落钩，启动后将手柄依次逐挡推动，加快吊钩下降速度；当吊钩离 A 位水箱较近时，将手柄逐挡扳回 1 挡，减速下降；当吊钩距水箱约 800mm 高时，将手柄扳回零位，吊钩停止下降。

④在 A 位挂好水箱后，先鸣铃，后扳右手柄将水箱吊起，启动后将手柄依次逐挡拉动，加快吊钩上升速度；当水箱离地面接近 1000mm 高时，将手柄逐挡扳回 1 挡，减速上升，将手柄扳回零位，吊钩停止上升。

⑤先鸣铃，左手握住左手柄向右扳动使起重臂右转，使水箱按图示路线在标杆内运行；回转中当水箱靠近外行标杆时，左手前后调整左手柄使小车慢慢前后移动，使水箱保持在内外两行标杆之间移动；继续右扳左手柄，重复前面的动作，保持水箱在两行标杆之间顺利运行到 B 位。

⑥到达 B 位后，前推左手柄使小车前行至约 4m 处，即左扳左手柄将水箱运行至 1 位，能碰倒其位置上的木块后，继续左扳左手柄，让水箱分别经过 2～5 位置，并用水箱依次将其立柱顶端的木块击落，最后左手柄后扳控制小车向后移至 A 处，同时操作右手柄，下降水箱，将水箱放回 A 位。在击落木块的运行途中不准开倒车。

第 **4** 篇
塔式起重机维护保养与
故障排除

第11章
塔式起重机的维护与保养

保养和维护不仅直接关系到塔式起重机机械的使用安全，也决定塔式起重机机械设备是否能够保持后续生命力和延长使用寿命，从而创造更多经济效益。塔式起重机在长期使用过程中，一些零部件和连接件都由于振动、摩擦等因素而不可避免地出现松动、腐蚀、老化、破损等现象。为了延长塔式起重机的使用寿命，减少设备故障率，减少和消除安全隐患，定期对塔式起重机做好设备保养维护工作是十分必要的，也是非常重要的。只有经常地检查、保养和维护塔式起重机，对其需要润滑的部位进行润滑，对其需要拧紧的部件进行加固，对其易损的部件进行维修、更换等，才能及时消除设备的故障隐患，降低事故发生率，使塔式起重机更安全的运行，以创造更好的经济效益。

作为塔式起重机的使用单位，除了要求操作人员严格遵守相关特种设备的技术规范和安全操作规程外，还应高度重视其保养和维护，在设备为生产创造经济效益的同时，也要把部分资金投入塔式起重机设备的保养和维护工作中去，定期保养，及时维修，以更好地确保设备和人身安全。

液压系统进行状态检测，更换磨损、变形、裂纹、腐蚀的零部件，对电气控制系统，检查馈电装置、控制器、过载保护、安全保护装置是否可靠。通过测试运行检查塔式起重机械的泄漏、压力、温度、振动、噪声等原因引起的故障征兆。经观测对塔式起重机的结构、支承、传动部位进行状态下主观检测，了解掌握塔式起重机整机技术状态，检查确定异常现象的故障源。由驾驶员负责作业的例行保养项目，主要内容为清洁卫生，润滑传动部位，调整和紧固工作。通过运行测试安全装置灵敏可靠性，监听运行中有无异常声音。

11.1 维护保养的主要内容

塔式起重机保养有许多内容，按其作业性质区分，主要有清洁、检查、紧固、调整和润滑等，具体见表11-1。

表 11-1 塔式起重机维护保养的主要内容

项 目	内 容	要 求
清洁	清洁工作是提高保养质量、减轻机件磨损和降低油、材料消耗的基础，并为检查、紧固、调整和润滑做好准备	机容整洁,电动机及各总成部件和随机工具无污垢,各滤清器工作正常,液压油、机油无污染,各管路畅通无阻
检查	检查是通过检视、测量、试验和其他方法，来确定各总成、部件技术性能是否正常，工作是否可靠，机件有无变异和损坏，为正确使用、保管和维修提供可靠依据	电动机和各总成、部件状态正常。机件齐全可靠,各连接、紧固件完好
紧固	由于塔式起重机运行工作中的颠簸、振动、机件热胀冷缩等原因。各紧固件的紧固程度会发生变化，甚至松动、损坏和丢失	各紧固件必须齐全无损坏,安装牢靠,紧固程度符合要求
调整	调整工作是恢复塔式起重机良好技术性能和确保正常配合间隙的重要工作。调整工作的好坏直接影响塔式起重机的经济性和可靠性。所以，调整工作必须根据实际情况及时进行	熟悉各部件调整的技术要求,按照调整的方法、步骤,认真细致地进行调整
润滑	润滑工作是延长塔式起重机使用寿命的重要工作，主要包括电动机、齿轮箱、液压缸、制动液压缸以及传动部件关节等	按照不同地区和季节,正确选择润滑剂品种,加注的油品和工具应清洁,加油口和油嘴应擦拭干净,加注量应符合要求

11.2 塔式起重机维护保养的类别

塔式起重机的维护保养具体分为日常维护保养、月检查保养、定期检修和大修。日常维护保养在每班前后进行，由塔式起重机驾驶员负责完成；月检查保养一般每月进行 1 次，由塔式起重机驾驶员和修理工负责完成；定期检修一般每年或每次拆卸后安装前进行 1 次，由修理工负责完成；大修一般运转不超过 $1.5 \times 10^4 h$ 进行 1 次，由具有相应资质的单位完成。

11.2.1 日常保养的规定

塔式起重机的日常维护保养指每班开始工作前，应当进行检查和维护保养，包括目测检查和功能测试。检查一般应包括以下内容：机构运转情况，尤其是制动器的动作情况；限制与指示装置的动作情况；可见的明显缺陷，包括钢丝绳和钢结构。

检查维护保养可用"清洁、紧固、防腐、调整、润滑"即十字作业法概括，其具体内容和相应要求见表 11-2；有严重情况的应当报告有关人员进行停用、维修或限制性使用等。检查和维护保养情况应当及时记入交接班记录。

表 11-2　塔式起重机日常例行保养的具体内容

序号	项　目	要　　求
1	基础轨道	班前清除轨道或基础上的冰碴、积雪或垃圾，及时疏通排水沟，清除基础轨道积水，保证排水通畅
2	接地装置	检查接地连线与钢轨或塔式起重机十字梁的连接，应接触良好；埋入地下的接地装置和导线连接处无折断松动
3	行走限位开关和撞块	行走限位开关应动作灵敏、可靠，轨道两端撞块完好无移位
4	行走电缆及卷筒装置	电缆应无破损，清除拖拉电缆沿途存在的钢筋、铁丝等有损电缆胶皮的障碍物，电缆卷筒收放转动正常，无卡阻现象
5	电动机、变速箱、制动器、联轴器、安全罩的连接紧固螺栓	各机构的地脚螺栓、连接紧固螺栓和轴瓦固定螺栓不得松动，否则应及时紧固，更换添补损坏丢失的螺栓。回转支承工作 100h 和 500h 检查其预紧力矩，以后每 1000h 检查一次。
6	齿轮油箱、油质	检查行走、起升、回转和变幅齿轮箱及液压推杆、液力联轴器的油量，不足要及时添加至规定液面；润滑油变质可提前更换；按润滑部位规定周期更换齿轮油，加注润滑脂

序号	项 目	要 求
7	制动器	清除制动器闸瓦油污。制动器各连接紧固件无松旷。制动瓦张开间隙适当,带负荷制动有效,否则应紧固调整
8	钢丝绳排列和绳夹	卷筒端绳夹紧固牢靠无损伤,滑轮转动灵活,不脱槽、啃绳,卷筒钢丝绳排列整齐不错乱压绳
9	钢丝绳磨损	检查钢丝绳有无断丝变形,钢丝绳直径相对于公称直径减少7%或更多时应报废
10	吊钩及防脱装置	检查吊钩是否有裂纹、磨损,防脱装置是否变形、失效
11	紧固金属结构件的螺栓	检查底架、塔身、起重臂、平衡臂及各标准节的连接螺栓有无松动,更换损坏螺栓、增补缺少的螺栓
12	供电电压情况	观察仪表盘电压指示是否符合规定要求,如电压过低或过高(一般不超过额定电压的±10%),应停机检查,电压正常后再工作
13	察听传动机构	试运转,注意察听起升、回转、变幅和行走等机械的传动机构,应无异响或过大的噪声或碰撞现象,应无异常的冲击和振动,否则应停机检查,排除故障
14	电器有无缺相	运行中,听听各部位电器有无缺相声音,否则应停机检查
15	安全装置的可靠性	注意检查起重量限制器、力矩限制器、变幅限位器和行走限位器等安全装置是否灵敏有效,驾驶室的控制显示是否正常,否则应及时报修排除
16	班后检查	清洁驾驶室及操作台灰尘,所有操作手柄应放在零位,拉下照明及室内外设备的开关,总开关箱要加锁,关好窗、锁好门,清洁电动机、减速器及传动机构外部的灰尘、油污
17	夹轨器	夹轨器爪与钢轨紧贴无间隙和松动,丝杠、销孔无弯曲、开裂,否则应报修排除

11.2.2 月检保养的规定
(1) 月检项目
月检查保养每月进行一次,应对以下内容进行一次全面的检查。

① 润滑部位的油位、漏油、渗油。

② 液压装置的油位、漏油。

③ 吊钩及防脱装置的可见变形、裂纹、磨损。

④ 钢丝绳。

⑤ 结合及连接处的锈蚀情况。

⑥ 螺栓连接情况。用专用扳手检查标准节连接螺栓，松动时应特别注意接头处是否有裂纹。

⑦ 销轴定位情况，尤其是臂架连接销轴。

⑧ 接地电阻。

⑨ 力矩与起重量限制器。

⑩ 制动磨损，制动衬垫减薄、调整装置、噪声等。

⑪ 液压软管。

⑫ 电气安装。

⑬ 基础及附着。

(2) 月检要求

月检查维护保养具体内容和相应要求见表 11-3，有严重情况的应当报告有关人员进行停用、维修或限制性使用等。检查和维护保养情况应当及时记入设备档案。

表 11-3   月检查保养内容

序号	项目	要求
1	日常维护保养	按日常检查保养项目，进行检查保养
2	接地电阻	接地线应连接可靠，用接地电阻测试仪测量电阻值不得超过 4Ω
3	电动机滑环及电刷	清除电动机滑环架及铜头灰尘，检查电刷应接触均匀，弹簧压力松紧适宜(一般为 0.02MPa)，如电刷磨损超过 1/2 时应更换电刷
4	电器元件配电箱	检查各部位电器元件，触点应无接触不良，线路接线应紧固，检查电阻箱内电阻的连接，应无松动
5	电动机接零和电线、电缆	各电动机接零紧固无松动，照明及各电器设备用电线、电缆应无破损、老化现象，否则应更换

序号	项 目	要 求
6	轨道轨距平直度及两轨水平面	每根枕木道钉不得松动,枕木与钢轨之间应紧贴无下陷空隙,钢轨接头鱼尾板连接螺栓齐全,紧固螺栓合乎规定要求;轨道轨距允许误差应不大于公称值的1‰,且不宜超过±6mm;钢轨接头间隙应不大于4mm;接头处两轨顶高度差应不大于2mm;塔式起重机安装后,轨道顶面纵、横方向上的倾斜度,对于上回转塔式起重机应不大于3‰;对于下回转塔式起重机应不大于5‰;在轨道顶面的纵向坡度应小于1‰
7	紧固钢丝绳绳夹	起重、变幅、平衡臂、拉索和小车牵引等钢丝两端的绳夹无损伤及松动,固定牢靠
8	润滑滑轮与钢丝绳	润滑起重、变幅、回转和小车牵引等钢丝绳穿绕的动滑轮、定滑轮、张紧滑轮、导向滑轮;每两个月润滑、浸涂钢丝绳一次
9	附着装置	附着装置的结构和连接是否牢固可靠
10	销轴定位	检查销轴定位情况,尤其是臂架连接销轴
11	液压元件及管路	检查液压泵、操作阀、平衡阀及管路,如有渗漏应排除,压力表损坏应更换,清洗液压滤清器

11.2.3 定期检修的规定

(1) 定期检查范围

塔式起重机每年至少进行一次定期检查,每次安装前后按定期检查要求进行检查,安装后的检查对零部件功能测试应按荷载最不利的位置进行。检查一般应包括以下内容。

① 检查月检的全部内容。

② 核查塔式起重机的标志和标牌。

③ 核查使用手册。

④ 核查保养记录。

⑤ 核查组件、设备及钢结构。

⑥ 根据设备现象判断老化状况:传动装置或其零部件松动、漏油;重要零件(如电动机、齿轮箱、制动器和卷筒)连接装置磨损或损坏;明显的异常噪声或振动;明显的异常温升;连接螺栓松

动、裂纹或破损；制动衬垫磨损或损坏；可疑的锈蚀或污垢；电气安装处（电缆入口、电缆附属物）出现损坏以及钢丝绳、吊钩按有关规定判断。

⑦ 额定荷载状态下的功能测试及运转情况：机械，尤其是制动器；限制与指示装置。

⑧ 金属结构：焊缝，尤其注意可疑的表面油漆龟裂；锈蚀；残余变形；裂缝。

⑨ 基础与附着。

（2）定期检查内容和要求

定期检查具体内容和相应要求见表11-4。有严重情况的应当报告有关人员进行停用、维修或限制性使用等，检查和维护保养情况应当及时记入设备档案。

表 11-4　定期检查保养内容和相应要求

序号	项目	要求
1	月检查保养	按月检查保养项目,进行检查保养
2	核查塔式起重机资料、部件	核查塔式起重机的标志和标牌,检查核实塔式起重机档案资料是否齐全、有效,部件、配件和备用件是否齐全
3	制动器	塔式起重机各制动闸瓦与制动带片的铆钉头埋入深度小于 0.5mm 时,接触面积不小于 70%,制动轮失圆或表面痕深大于 0.5mm 时应修圆;制动器磨损,必要时拆检更换制动瓦(片)
4	减速齿轮箱	揭盖清洗各机构减速齿轮箱,检查齿面,如有断齿、啃齿、裂纹及表面剥落等情况,应拆检修复;检查齿轮轴键和轴承径向间隙,如轮键松旷、径向间隙超过 0.2mm 应修复;调整或更换轴承,轮轴弯曲超过 0.2mm 应校正;检查棘轮棘爪装置,排除轴端漏油、更换齿轮油并加注至规定油面。生产厂有特殊要求的,按厂家说明书要求进行
5	开式齿轮啮合间隙、传动轴弯曲和轴瓦磨损	检查开式齿轮,啮合侧向间隙一般不超过齿轮模数的30%,齿厚磨损不大于节圆理论齿厚的 20%;轮键不得松旷;各轮轴变径倒角处无疲劳裂纹,轴的弯曲不超过0.2mm;滑动轴承径向间隙一般不超过 0.4mm,如有问题应修理更换

序号	项 目	要 求
6	滑轮组	滑轮槽壁如有破碎裂纹或槽壁磨损超过原厚度的20%，绳槽径向磨损超过钢丝绳直径的25%，滑轮轴颈磨损超过原轴颈的2%时，应更换滑轮及滑轮轴
7	行走轮	行走轮与轨道接触面如有严重龟裂、起层、表面剥落和凸凹沟槽现象，应修换
8	整机金属结构	对钢结构开焊、开裂、变形的部件进行更换，更换损坏、锈蚀的连接紧固螺栓，修换钢丝绳固定端已损伤的套环、绳卡和固定销轴
9	电动机	电动机转子、定子绝缘电阻在不低于0.5MΩ时，可在运行中干燥；铜头表面有毛刺应修磨平整，铜头云母片应低于铜头表面0.8～1mm，电动机轴弯曲超过0.2mm应校正；滚动轴承径向间隙超过0.15mm时应更换
10	电报元件和线路	对已损坏、失效的电器开关、仪表、电阻器、接触器以及绝缘不符合要求的导线进行修换
11	零部件及安全设施	配齐已丢失损坏的油嘴、油杯；增补已丢失损坏的弹簧垫、联轴器缓冲垫、开口销、安全罩等零部件；塔式起重机爬梯的护圈、平台、走道、踢脚板和栏杆如有损坏，应修理更换
12	防腐喷漆	对塔式起重机的金属结构，各传动机构进行除锈、防腐和喷漆
13	整机性能试验	检修及组装后，按要求进行静、动荷载试验，并试验各安全装置的可靠性，填写试验报告

11.2.4 塔式起重机大修的规定

塔式起重机经过一段时间的运转后应进行大修，大修间隔最长不应超过15000h。大修应按以下要求进行。

① 起重机的所有可拆零件全部拆卸、清洗、修理或更换（生产厂有特殊要求的除外）。

② 更换润滑油。

③ 所有电动机拆卸、解体和维修。

④ 更换老化的电线和损坏的电气元件。

⑤ 除锈、涂漆。

⑥ 对拉臂架的钢丝绳或拉杆进行检查。

⑦ 起重机上所用仪表按有关规定维修、校验和更换。

⑧ 大修出厂时，塔式起重机应达到产品出厂时的工作性能，并应有监督检验证明。

11.2.5 塔式起重机的润滑

为保证塔式起重机正常工作，应经常检查塔式起重机各部位的润滑情况，做好周期润滑工作，按时添加或更换润滑剂。塔式起重机润滑部位及周期参照表 11-5 进行。生产厂有特殊要求的，应按厂家说明书要求。

表 11-5　塔式起重机润滑部位及周期

序号	润滑部位名称	润滑油种类	润滑方法
1	起升机构制动器	20～40℃：20 号机械油 443-64 0～20℃：10 号变压器油 SYBB 51-62 －15～0℃：25 号变压器油 SYB 1351-62 －30～－15℃：仪表油 GB 487-65 低于－30℃：酒精及甘油混合体	每工作 56h 用油壶加油 1 次
2	起升机构变速箱	冬季：HL15 齿轮油 夏季：HL20 齿轮油	新减速机在运转 200～300h 后，应进行第一次换油，之后每运行 5000h 应更换新油
3	所有滚动轴承(除电动机内轴承)	ZGⅢ钙基润滑脂	每工作 160h 适当加油,每半年清除一次
4	全部电动机轴承	冬季：ZG-Ⅱ钙基润滑脂 夏季：ZG-Ⅴ钙基润滑腊	每工作 1500h 换油一次
5	全部钢丝绳	石墨润滑脂	每大、中修时油煮
6	所有滑轮(包括塔顶滑轮)	冬季：ZG-Ⅱ钙基润滑脂 夏季：ZG-Ⅴ钙基润滑脂	每班加油

序号	润滑部位名称	润滑油种类	润滑方法
7	小车牵引机构减速机,回转机构行星机构减速机	锂基润滑脂	初运行两个月加注一次润滑脂,以后根据使用情况3~4个月加注1次
8	回转机构开式齿轮,外齿圈上下座圈跑道	冬季:ZG-Ⅱ钙基脂 夏季:ZG-Ⅴ钙基脂	每工作56h涂抹和压注1次
9	液压油箱	夏季:YB-N32 或 YB-N46 液压油 冬季:YB-N22 液压油	塔式起重机拆装一次检查油液情况,必要时更换新油

对于长时间不使用的起重机,应当对起重机各部位做好润滑、防腐、防雨处理后停放好,并每年做一次检查。

第12章
塔吊故障与排除

12.1 塔式起重机常见故障的排除

12.1.1 磨损与故障

塔式起重机零部件的磨损可分为两种情况，一种是自然磨耗，一种是事故性磨损。

自然磨耗，就是在正常工作情况下，由于长期在露天作业，受尘土、杂质、风沙、雨雪的侵袭以及连续长时间重负荷运转而逐渐造成的磨耗。这种磨耗最终导致塔式起重机的老化及零部件的磨损，使塔式起重机丧失工作能力。

事故性磨损，就是由于加工制造上的缺陷，保养的不善和不及时，以及操作失误和违反操作规程而迅速出现的磨损。

按照两摩擦表面相互作用的特性，塔式起重机的磨损又可分为下述三种类型。

(1) 机械磨损

两相接触零件表面，由于存在微小的粗糙不平而在摩擦过程中产生的磨损，叫做机械磨损，如图 12-1 所示。粗糙不平面互相摩擦的结果产生了新的不平，如此反复连续进行，最终导致两相互接触零件表面几何形状的改变和表层性质的变坏。

在滑动摩擦过程中，两接触表面之间，由于外界杂质的硬颗粒掉进来，并随着摩擦而运动，这些微小颗粒的作用犹如机械加工用的刀具所产生的微观金属切屑，金属切屑在运动中变成了磨料，从而加速磨损。这就是摩擦式机械磨损。塔式起重机打车行走轮的开式传动齿圈上的磨损便是这类磨损的突出实例之一。

图 12-1　滑动轴承中两相接触球面机械磨损原理图
1—外壳；2—铜套；3—转轴

由于比压过大以及荷载作用所产生的内应力、变形和老化现象的综合影响而造成的零部件的破坏，统称为老化磨损。在老化磨损的情况下，摩擦表面出现发裂、裂纹、凹沟和痘痕。行走轮滚动表面和齿轮齿面的剥落、滚球轴承和滚柱轴承滚道的沟道、轴颈的损坏均属于老化磨损。塔式起重机金属结构上，特别是焊缝部位出现的裂纹也是由老化磨损造成的。

老化磨损与润滑无关，主要取决于零部件的形状和加工精度。老化磨损的剧烈程度则取决于荷载的大小、荷载方向的变化次数和荷载延续时间的长短。

（2）分子性机械磨损

分子性机械磨损是指机械作用于零部件内部分子力作用的叠加而形成的磨损。润滑不好、压力过大以及加工表面粗糙均会造成分子性机械磨损。这类磨损的典型现象是两相摩擦零件的黏结。

（3）锈蚀性机械磨损

金属与大气中酸性物质作用的结果就产生锈蚀。在锈蚀与机械摩擦的双重作用下所产生的磨损称为锈蚀性机械磨损。凡表面涂层不好以及保管不善，均会加快锈蚀作用，并造成损坏。

塔式起重机零部件的磨损并不是随着时间进程而均衡产生的。图 12-2 所示为零件磨损增长变化曲线。图中曲线分为三区段：第一区段表示初投入生产阶段，零件初期磨耗；第二区段表示塔式起重机进入正常生产阶段，相应的零件磨损速度也趋于正常；第三区段里，零件磨损速度加快，故障频发，进而导致零件完全失效。

第一区段的磨损可以认为是零件加工工艺欠完善所致。如在此

图 12-2　塔式起重机零部件不同时期磨损增长变化示意图

Ⅰ—初投产时期；Ⅱ—正常生产时期；

Ⅲ—磨损加剧时期；Δ—磨损量；t—作业时间

期间，由经验丰富的驾驶员负责驾驶、调整，则正常工作阶段零件的磨损就可能减小到最低限度。为使此磨损最小阶段的时期尽可能延长，必须保持良好的润滑并避免超载运行。

据资料统计表明，塔式起重机在使用过程中出现故障的概率密度可划分为三个区段：第一区段即起始区段，塔式起重机初投入施工阶段，故障率（每 1000h 的故障次数）逐渐降低（故障次数逐渐减少），故障比较频繁出现表明加工质量存在缺陷；第二区段即正常作业区段，塔式起重机运行正常，故障次数变化稳定，是整个时期内故障最少的区段；第三区段即磨损加剧阶段，表明塔式起重机已进入给定作业时期的末尾期，如图 12-3 所示。

图 12-3　塔式起重机
故障率示意图

1—起始工作区段；

2—正常运行区段；

3—磨损加剧区段；

ω—磨损量；t—时间

塔式起重机零部件的磨损量可通过仪表进行测量，也可根据机械噪声加以判断，还可根据废旧润滑油的颜色进行鉴别。若是润滑油污秽呈暗黑色，并发现有金属粉屑，机械噪声刺耳并有撞击声，可以断定零件磨损严重，必须立即予以换新。

12.1.2　常见故障及其排除方法

塔式起重机常见机械故障如下。

① 零件的自然磨损；

② 不确切的安装与调整；

③ 保养维护不及时或处理不当；

④ 违反安全操作规程或疏忽大意误操作；

故障一旦发生，必须迅速加以排除，以避免由小毛病而发展成严重事故。塔式起重机零部件及机械传动系统常见故障的形成原因及排除方法如表 12-1 所示。电气系统故障及排除方法如表 12-2 所示。

表 12-1　塔式起重机零部件及机械传动系统常见故障的形成原因及排除方法

部位	常见故障	形成原因	排除方法
钢丝绳	磨损太快	1. 滑轮不转动 2. 绳槽与钢丝绳直径不匹配	1. 检修或更换滑轮 2. 更换钢丝绳或滑轮
	经常脱槽	1. 滑轮偏斜或移位 2. 防脱挡罩不起作用 3. 钢丝绳型号不对	1. 调整滑轮安装位置 2. 检修防脱挡罩使之发挥作用 3. 更换合格的钢丝绳
滑轮	滑轮不转 滑轮松动	1. 缺少润滑油 2. 轴承安装过紧或偏斜	1. 添加润滑油 2. 调整轴承安装位置
吊钩	疲劳裂纹	材质不均匀	更换吊钩
	严重磨损	超过使用期限,材质不好	
卷筒	筒壁裂纹	1. 材质不匀 2. 应力集中 3. 冲击荷载过大	更换新卷筒
开式齿轮	噪声大 磨损过剧	1. 加工不合要求 2. 安装不合要求	更换齿轮 修理、调整、重新安装
	轮辐轮圈 有裂纹	冲击荷载过大	修复或更换齿轮
减速器	噪声大	齿轮啮合不良	修理调整齿轮啮合
	温升过高	润滑油过少或过多	增减润滑油
	漏油	1. 油封失效 2. 轴颈磨损 3. 分箱面不平	1. 更换油封 2. 修磨轴颈 3. 研磨分箱面

部位	常见故障	形成原因	排除方法
制动器	重物下滑	1. 制动轮与制动瓦间隙过大或制动盘与摩擦片间隙过大 2. 制动轮表面有油污 3. 弹簧压力不足	1. 调整间隙 2. 清洗制动瓦 3. 调整弹簧张力
	发热冒烟	1. 制动轮与制动瓦没有完全脱开 2. 制动盘与摩擦片（刹车片）没有脱开	调整间隙
回转支承	噪声大	大齿圈与小齿轮啮合不良，转动困难	调整啮合
	转动困难	滚道表面严重磨损滚动体不转	检查并修复滚道表面，更换滚动体隔离环
滚动轴承	温升过高	1. 润滑油过多 2. 润滑油质量不合要求 3. 轴承损坏 4. 内外圈配合与轴向间隙安装不合要求	1. 减少润滑油 2. 更换质量符合要求的润滑油 3. 换新轴承 4. 重新装配务必符合规定要求
安全装置	工作失灵	1. 弹簧失效或损坏 2. 行程开关损坏 3. 线路故障	1. 换用新弹簧 2. 更换行程开关 3. 检修线路使之恢复正常
行走轮	轮缘磨损严重	1. 材质不好、工艺欠缺 2. 轨距没有定准 3. 行走枢轴间隙过大	1. 修复或换新 2. 检查调整 3. 调整间隙
转台	回转时跳动或晃动严重	1. 小齿轮大齿圈啮合不良 2. 回转支承上下座圈间隙过大 3. 回转支承和回转机构固定不好	1. 检修加以调整 2. 紧固连接螺栓，调整间隙 3. 紧固连接螺栓，旋紧地脚螺栓
金属结构	杆件变形工作中有响声	1. 超载 2. 挤逼中碰坏 3. 各标准节连接螺栓松动	1. 禁止超载并调整修复 2. 调直、加固修复 3. 换新螺栓，重新紧固

部位	常见故障	形成原因	排除方法
起升机构变幅机构	整个减速器跳动	1. 地脚螺栓松动 2. 联轴器安装不妥 3. 两轴不同轴 4. 联轴器弹性套磨损严重	1. 旋紧地脚螺栓,配齐止动紧固件 2. 重新安装,提高安装质量 3. 重新安装保证同轴 4. 换新弹性套

表 12-2　电气系统故障及排除方法

故障	原因	排除方法
电动机不转	1. 熔丝烧断 2. 过电流继电器动作 3. 定子回路中断 4. 电动机缺相运行	1. 更换熔丝 2. 调整过电流继电器整定值 3. 检查定子回路 4. 接好三相电源
电动机声音异常	1. 电动机单相运行 2. 定子绕组有故障 3. 轴承缺油或磨损	1. 正确接线 2. 检查定子绕组 3. 加油或更换轴承
电动机温升过高	1. 电动机缺相运行 2. 某相绕组与外壳短接 3. 超负荷运行 4. 电源电压过低 5. 通风不良 6. 定、转子相摩擦	1. 接好三相电源 2. 用万能表检查并排除之 3. 禁止超载运行 4. 停止工作 5. 改善通风条件 6. 检查定、转子之间的间隙
电动机不到全速	1. 转子绕组有断丝或焊接不良处 2. 转子回路中有接触不良或断丝处	1. 检查绕组 2. 检查导线、控制器及电阻器
电动机输出功率过小	1. 线路电压过低 2. 制动器没有完全松开 3. 转子电阻没完全切除 4. 转子或定子回路接触不良	1. 停止工作 2. 调整制动器 3. 检查各部接触情况 4. 检查转子或定子回路

故障	原因	排除方法
电动机不能停转	接触器触头烧熔	修磨触头或换新
滑环产生电火花	1. 电动机超负荷运行 2. 电刷弹簧压力不足 3. 滑环偏斜 4. 滑环及电刷有污垢	1. 停止超负荷运行 2. 加大弹簧压力 3. 校正滑环 4. 清除脏物
滑环磨损过快	1. 弹簧压得过紧 2. 滑环表面不光整	1. 放松弹簧 2. 研磨滑环
控制器手轮转不动	1. 定位机构有缺陷 2. 凸轮卡塞	1. 检修定位机构 2. 排除障碍,消除卡塞
接触器接通后电动机不转	1. 触头没接通 2. 触头接触不良	1. 检修接触器 2. 研磨触头
接触器接通后,过电流继电器动作	1. 触头与外壳短接 2. 脏物使相邻触头短接 3. 导线绝缘不良	1. 检修接触器 2. 清除脏物 3. 修复或更换导线
接触器接通后,电动机单方向转动	1. 反向触头表面不良 2. 转动机构有毛病	检修接触器
接触器有噪声	1. 衔铁表面太脏 2. 短路环损坏 3. 磁铁系统歪斜	1. 清除脏物 2. 修复短路环 3. 校正
接触器断电后分不开	1. 接触器不垂直 2. 卡住	1. 垂直安装 2. 检查接触器
接触器经常断电	1. 辅助触头压力不足 2. 接触不良	1. 调整压力 2. 修磨触头
涡流制动器低速挡的速度变快	1. 硅整流器击穿 2. 接触器或主控制器触头损坏 3. 涡流制动器线圈烧坏	1. 更换整流器 2. 修复或更换触头 3. 更换涡流制动器
涡流制动器速度过低	定转子间积尘太多或有铁末	清除积尘
电磁铁过热或有噪声	1. 衔铁表面太脏 2. 电磁铁缺相运行 3. 硅钢片未压紧	1. 清扫积尘并涂抹薄润滑油 2. 接好三相电源 3. 压紧硅钢片

故障	原因	排除方法
主接触器不吸合	1. 电压过低或无电压 2. 控制电路熔丝烧断 3. 安全开关没接通 4. 过电流继电器动断触头断开 5. 控制器手轮不在零位 6. 接触器线圈烧破或断线	逐项检查并加以解决
总开关接通后,控制电路熔断器立即烧坏	控制电路中有短路	检查并修复
主接触器吸合后,过电流继电器立即动作	主电路中有短路	检查并修复

塔式起重机在使用过程中发生故障,主要是由于工作环境恶劣、维护保养不及时、操作人员违章作业和零部件的自然磨损等多方面原因所致。塔式起重机发生异常时,操作人员应立即停止操作,及时向有关部门报告,及时处理,消除隐患,排除故障后恢复正常工作。

塔式起重机常见的故障包括金属结构、钢丝绳和滑轮、工作机构、液压系统、电气设备等。

(1) 塔式起重机金属结构常见故障及排除方法 (表 12-3)

表 12-3 塔式起重机金属结构常见故障及排除方法

故障现象	故障原因	排除方法
焊缝和母材开裂	超载严重,工作过于频繁产生比较大的疲劳应力,焊接不当或钢材存在缺陷等	严禁超负荷运行,经常检查焊缝,更换损坏的结构件
构件变形	密封构件内有积水,严重超载,运输吊装时发生碰撞,安装、拆卸方法不当	要经过校正后才能使用;但对受力结构件,禁止校正,必须更换
高强度螺栓连接松动	预紧力不够	定期检查,紧固

続表

故障现象	故 障 原 因	排 除 方 法
销轴退出脱落	开口销未打开	检查,打开开口销

(2) 塔式起重机钢丝绳和滑轮常见故障及排除方法 (表12-4)

表12-4　塔式起重机钢丝绳和滑轮常见故障及排除方法

故障现象	故 障 原 因	排 除 方 法
钢丝绳磨损太快	钢丝绳滑轮磨损严重或者无法转动	检修或更换滑轮
	滑轮绳槽与钢丝绳直径不匹配	调整使之匹配
	钢丝绳穿绕不准确、啃绳	重新穿绕、调整钢丝绳
铜丝绳经常脱槽	滑轮偏斜或移位	调整滑轮安装位置
	钢丝绳与滑轮不匹配	更换合适的钢丝绳或滑轮
	防脱装置不起作用	检修钢丝绳防脱装置
滑轮不转及松动	滑轮缺少润滑,轴承损坏	经常保持润滑,更换损坏的轴承

(3) 塔式起重机起升机构常见故障及排除方法

起升机构常见故障及排除方法见表12-5。

表12-5　起升机构常见故障及排除方法

故障现象	故 障 原 因	排 除 方 法
卷扬机构声音异常	接触器缺相或损坏	更换接触器
	减速器齿轮磨损、啮合不良、轴承破损	更换齿轮或轴承
	联轴器连接松动或弹性套磨损	紧固螺栓或更换弹性套
	制动器损坏或调整不当	更换或调整刹车
	电动机故障	排除电气故障
吊物下滑(溜钩)	制动器刹车片间隙调整不当	调整间隙
	制动器刹车片磨损严重或有油污	更换刹车片,清除油污
	制动器推杆行程不到位	调整行程
	电动机输出转矩不够	检查电源电压
	离合器片破损	更换离合器片

第 12 章　塔吊故障与排除　**295**

故障现象	故 障 原 因		排 除 方 法
制动副脱不开	闸瓦式	制动器液压泵电动机损坏	更换电动机
		制动器液压泵损坏	更换液压泵
		制动器液压推杆锈蚀	修复或更换液压杆
		机构间隙调整不当	调撞机构的间隙
		制动器液压泵油液变质	更换新油
	盘式	间隙调整不当	调整间隙
		刹车线圈电压不正常	检查线路电压
		离合器片破损	更换离合器片
		刹车线圈损坏或烧毁	更换线圈

回转机构常见故障及排除方法见表12-6。

表 12-6　回转机构常见故障及排除方法

故障现象	故 障 原 因	排 除 方 法
回转电动机有异响，回转无力	液力耦合器漏油或油量不足	检查安全易熔塞是否熔化，橡胶密封件是否老化等；按规定补充油液
	液力耦合器损坏	更换液力耦合器
	减速器齿轮或轴承破损	更换损坏齿轮或轴承
	液力耦合器与电动机连接的胶垫破损	更换胶垫
	电动机故障	查找电气故障
回转支承有异响	大齿圈润滑不良	加油润滑
	大齿圈与小齿轮啮合间隙不当	调整间隙
	滚动体或隔离块损坏	更换损坏部件
	滚道面点蚀、剥落	修整滚遭
	高强螺栓预紧力不一致，差别较大	调整预紧力

故障现象	故 障 原 因	排 除 方 法
臂架和塔身扭摆严重	减速器故障	检修减速器
	液力耦合器充油量过大	按说明书加注
	齿轮啮合或回转支承不良	修整相关部件

变幅机构常见故障及排除方法见表 12-7。

表 12-7　变幅机构常见故障及排除方法

故障现象	故 障 原 因	排 除 方 法
变幅有异响	减速器齿轮或轴承破损	更换
	减速器缺油	查明原因，检修加油
	钢丝绳过紧	调整钢丝绳松紧度
	联轴器弹性套磨损	更换弹性套
	电动机故障	查找电气故障
	小车滚轮轴承或滑轮破损	更换轴承
变幅小车滑行和抖动	钢丝绳未张紧	重新适度张紧
	滚轮轴承润滑不好，运动偏心	润滑轴承
	轴承损坏	更换轴承
	制动器损坏	经常加以检查，修复更换
	联轴器连接不良	调整、更换
	电动机故障	查找电气故障

行走机构常见故障及排除方法见表 12-8。

表 12-8　行走机构常见故障及排除方法

故障现象	故 障 原 因	排 除 方 法
运行时啃轨严重	轨距铺设不符合要求	按规定误差调整轨距
	钢轨规格不匹配，轨道不平直	按标准选择钢轨，调整轨道
	台车框轴转动不灵活，轴承润滑不好	经常润滑
	台车电动机不同步	选择同型号电动机，保持转速

故障现象	故 障 原 因	排 除 方 法
	啃轨严重,阻力较大,轨道坡度较大	重新校准轨道
驱动困难	轴套磨损严重,轴承破损	更换轴承、轴套
	电气故障	查找电气故障
停止时晃动过大	延时制动失效,制动器调整不当	调整制动器

(4) 塔式起重机液压系统常见故障及排除方法

塔式起重机液压系统常见故障包括:液压油油温过高、产生噪声、液压缸爬行、油压不足或无压等,产生上述故障的原因分别见表 12-9~表 12-12。

表 12-9　液压油油温过高的原因和排除方法

产 生 原 因	排 除 方 法
液压泵效率低,其容积、压力和机械损失较大,因而转化为热量较多	选择性能良好的、适用的液压泵
系统沿途压力损失大,局部转化为热量	各种控制阀应在额定流量范围内,管路应尽量短,弯头要大,管径要按允许流速选取
系统泄漏严重,密封损坏	油的黏度要适当,过滤要好,元件配合要好,以减少零件磨损
回路设计不合理,系统不工作时油经溢流阀回油	不工作时,应尽量采用卸荷回路,用三位四通阀
油箱本身散热不良,容积过小,散热面积不足或储油量太少,循环过快	油箱容积应按散热要求设计制作,若结构受限,要增添冷却装置;储油量要足

表 12-10　产生噪声的原因和排除方法

产 生 原 因	排 除 方 法
系统吸入空气,油箱中油量不足,油量过低,油管浸入太短,吸油管与回油管靠得太近,或中间未加隔板,密封不严,不工作时有空气渗入	加足油量,油管浸入油面要有一定深度,吸油管与回油管之间要用隔板隔开,利用排气装置,快速全行程往返几次排气

产 生 原 因	排 除 方 法
齿轮泵齿形误差大,泵的轴向间隙磨损大	两齿轮对研,啮合接触面应达到齿长的65%,修磨轴向间隙
液压泵与电动机安装不同轴,换向过快,产生液压冲击	重新安装联轴器,要求同轴度小于 ϕ 0.1mm,手动换向阀要合适掌握,使换向平稳
油液中脏物堵塞阻尼小孔,弹簧变形、卡死、损坏	清洗换油,疏通小孔,更换弹簧

表 12-11　液压缸爬行的原因和排除方法

产 生 原 因	排 除 方 法
空气进入系统,油液不干净,滤油器不定期清洗,不按时换油	定期检查清洗,定期更换油液
运动件间摩擦阻力太大,表面润滑不良,零件的形位误差过大	改进设计,提高加工质量
液压缸内表面磨损,液体内部窜腔	修磨液压缸,检修
压力不足或无压力	提高回油背压

表 12-12　液压油油压不足的原因和排除方法

产 生 原 因	排 除 方 法
液压泵反转或转速未达要求,零件损坏,精度低,密封不严;间隙过大或咬死,液压泵吸油管阻力大或漏气	检查、修正、修复和更换相关零部件
液压缸动作不正常,漏油明显,活塞或活塞杆密封失效,杂物、金属屑损伤滑动面,缸内存在空气,活塞杆密封压得过紧,溢流阀被污物卡住处于溢流状态	排气,减少压紧力;清洗,更换阀芯、阀座;对溢流阀位做调整
其他管路、节流小孔、阀口被污物堵塞,密封件损坏致使密封不严,压力油腔或回油腔窜油	清理疏通,修复更换相关零部件

(5) 塔式起重机电气系统常见故障及排除方法 (表 12-13)

表 12-13　塔式起重机电气系统常见故障及排除方法

序号	故障现象	检查办法	故障产生的可能原因	排除办法
1	通电后电动机不转	观察	1. 定子回路某处中断 2. 保险丝熔断，或过热保护器、热继电器动作	1. 用万用表查定子回路 2. 检查熔断器、过热保护器、热继电器的整定值
2	电动机不转，并发出"嗡、嗡"响声	听声	1. 电源线断了一相 2. 电动机定子绕组断相 3. 某处受卡 4. 负载太重	1. 万用表查各项 2. 万用表量接线端子 3. 检查传动路线 4. 减小负荷
3	旋转方向不对	观察	接线相序不对	任意对调两电源线相序
4	电动机运转时声音不正常	听声	1. 接线方法错误 2. 轴承摩擦过大 3. 定子硅钢片未压紧	1. 改正接线方法 2. 更换轴承 3. 压紧硅钢片
5	电动机发热过快，温度过高	1. 手摸 2. 温度计量 3. 闻到烧焦味	1. 电动机超负荷运行 2. 接线方法不对 3. 低速运行太久 4. 通风不好 5. 转子与定子摩擦	1. 减轻负荷 2. 检查接线方法 3. 严格控制低速运行时间 4. 改善通风条件 5. 检查间隙，更换轴承
6	电动机局部发热	1. 手摸 2. 温度计量 3. 闻到烧焦味	1. 断相 2. 绕组局部短路 3. 转子与定子摩擦	1. 检查各相电流 2. 检查各相电阻 3. 检查间隙，更换轴承

序号	故障现象	检查办法	故障产生的可能原因	排除办法
7	电动机满载时达不到全速	转速表测量	1. 转子回路中接触不良或有断线处 2. 转子绕组焊接不良	1. 检查导线、电刷、控制器和电阻器,排除故障 2. 拆开电动机找出断线
8	电动机转子功率小,传动沉重	观察听声	1. 制动器调得过紧 2. 机械卡阻 3. 转子电路、所串电阻不完全对称 4. 电路电压过低 5. 转子或定子回转中接触不良	1. 适当松开制动器 2. 排除卡阻的因素 3. 检查各部分的接触情况 4. 检查电源电压 5. 检查各接线端子
9	操纵停止时,电动机停不了	观察	控制器(或接触器)触点放电或弧焊熔结及其他阻碍触头跳不动	检查控制器、接触器触头
10	滑环与电刷之间产生电弧火花	观察	1. 电动机超负荷 2. 滑环和电刷表面太脏 3. 滑环不正,有偏斜	1. 减少荷载 2. 清除脏物,调节电刷压力 3. 校正滑环
11	电刷磨损太快	观察	1. 弹簧压力过大 2. 滑环表面摩擦面不良 3. 型号选择不当	1. 调节压力 2. 研磨滑环 3. 更换电刷型号
12	控制器扳不动或转不到位	拨动控制器	1. 定位机构有毛病 2. 凸轮有卡阻现象	1. 修理触头 2. 排除卡阻因素
13	控制器通电时电动机不转	观察	1. 控制器触头没接通 2. 控制器接线不良	1. 修理触头 2. 检查各接线头
14	控制器接通时过电流继电器动作	观察	1. 控制器里有脏物,使邻近触点短接 2. 导线绝缘不良,击穿短路 3. 触头与外壳短接	1. 除尘去脏 2. 加敷绝缘 3. 校正触头位置

序号	故障现象	检查办法	故障产生的可能原因	排除办法
15	电动机只能单方向运转	观察	1. 反向控制器触头接触不良 2. 控制器中传动机构有毛病或反向交流接触器有毛病	1. 修理触头 2. 检查反向交流接触器
16	控制器已拨到最高挡电动机还达不到应有的速度	转速表测量	1. 控制器与电阻间的连接线串线 2. 控制器传动部分或电阻器有毛病	1. 按图正确接线 2. 检查控制器和电阻器
17	制动电磁铁有很大的噪声	听声	1. 衔铁表面太脏,造成间隙过大 2.硅钢片未压紧 3.电压太低	1. 清除脏物,减小间隙 2. 压紧硅钢片 3. 电压低于5%,应停止工作
18	接触器有噪声	听声	1. 衔铁表面太脏 2. 弹簧系统歪斜	1. 清除工作表面 2. 纠正偏斜、消除间隙
19	通电时,接触器衔铁掉不下来	观察	1. 接触器安放位置不垂直 2.运动系统卡阻	1. 垂直安放接触器 2. 检修运动系统
20	总接触器不吸合	观察	1. 控制器手柄不在中位 2. 线路电压过低 3. 过电流继电器或热继电器动作 4. 控制电路熔断器熔断 5. 接触器线圈烧坏或烧结	逐项查找并排除
21	配电盘刀闸开关合上时,控制电路中就烧保险	用绝缘电阻表或万用表测控制电路	控制电路中某处短路	排除短路故障

序号	故障现象	检查办法	故障产生的可能原因	排除办法
22	主接触器一通电,过电流继电器就跳闸	用绝缘电阻表或万用表测控制电路	电路中有短路的地方	排除短路故障
23	各个机构都不动作	用电压表测量电路电压	1. 线路无电压 2. 引入线折断 3. 保险丝熔断	1. 检修电源 2. 用万用表查电路 3. 更换保险丝
24	限位开关不起作用	观察	1. 限位开关内部或回路短路 2. 限位开关控制器的线接错	1. 排除短路故障 2. 恢复正确接线
25	正常工作时,接触器经常断电	观察	1. 接触器辅助触头压力不足 2. 互锁、限位、控制接触不良	1. 修复触头 2. 检查有关电器,使回路通畅
26	安全装置失灵	观察	1. 限位开关弹簧日久失效 2. 运输中碰坏限位器 3. 电路接线错误	1. 更换限位器弹簧 2. 更换限位器 3. 调整电路接线
27	集电环供电不稳	观察	电刷与滑环接触不良	1. 更换或修理电刷 2. 检修集电环 3. 更换或修理电刷弹簧

12.2 倒塔事故和断臂事故发生原因和防范措施

塔式起重机常见事故类型包括:倾翻事故,即塔身整体倾倒(倒塔)或塔式起重机起重臂、平衡臂和塔帽倾翻坠地等事故;断(折)臂事故,即塔式起重机起重臂或平衡臂折弯、严重变形或断裂等事故;脱、断钩事故,即起重吊具从吊钩脱出或吊钩脱落、断裂等事故；断绳事故，即起升、变幅钢丝绳破断等事故；滑钩，即吊在空中的重物突然下滑坠落等。

在塔式起重机安装、使用和拆卸过程中，还经常发生安装拆卸及维修人员从塔身、臂架等高处坠落的事故；吊物散落发生物体打击事故；吊物或起重钢丝绳等碰触输电线路发生触电事故；塔式起重机臂架碰撞、挤压发生起重伤害事故等。

塔式起重机整体翻倒事故称为倒塔。倒塔和断臂往往会伴随发生，是危害性极大的建筑安装事故，一旦发生就会造成无法弥补的生命和财产重大损失。

12.2.1　倒塔事故和断臂事故的主要原因

倒塔事故主要原因包括地基基础、安装、顶升、拆卸、附着、使用、维护、操作、管理、意外暴风袭击、制造质量和设计缺陷等方面的问题，其中使用、操作、安装和拆卸不当是常见的直接原因。

(1) 地基基础引发倒塔的事故原因

① 地基设在沉降不均的地方；或者地基没有夯实就浇混凝土，地基发生局部下沉；拼装式基础水泥块与地基之间留有空穴，如图12-4所示。

② 地基靠近边坡，尤其是在有地下室的建筑物，基础距离开挖坑边太近，在暴风雨后，容易滑坡倒塔。

③ 虽然基础打下了桩，但桩下挖得太空，实际有些桩没多少承载能力，局部塌陷而倒塔。

④ 混凝土基础浇灌不合要求，配比不对，达不到抗拉强度，提早破裂；地脚螺栓松脱；基础浇灌后，没注意对混凝土的养护，没及时浇水降温，造成基础内部被烧坏，达不到强度要求；基础浇灌后，时间太短就使用，混凝土达不到强度要求，满足不了荷载的要求；地脚螺栓钩内没穿插横杆，螺栓拉力传不出去，引起钩头局部混凝土破坏。

⑤ 有的塔式起重机用埋入半个钢架作基础，重复使用时不是用螺栓连接，而是将地上地下部分用气割割开又对焊上，容易发生焊缝开裂，或产生脆性疲劳断裂而倒塔。

⑥ 行走式塔式起重机压重平衡稳定储备量不足，在超载情况

下易于发生倾翻倒塔。

⑦ 行走式塔式起重机，下班后忘记锁夹轨器，晚上突遭风暴袭击而倒塔。

⑧ 行走式塔式起重机轨道铺设不符合质量要求。

图 12-4　地基局部下沉引起倒塔

(2) 安装、顶升、附着、拆卸引发倒塔的事故原因

① 不按正确的安装和拆卸顺序。正确的安装顺序是先安装平衡臂，再装 1~2 块平衡重，然后才能安装起重臂，最后再安装平衡重，这样使塔式起重机在空载状态时有后倾力矩。如果不按上述顺序安装，就会引发倒塔事故。反之在拆塔时，一定要先拆平衡重，并且留 1~2 块平衡重不拆，然后才能拆起重臂，最后再拆留下的平衡重和平衡臂。如果不按上述拆卸顺序操作就会倒塔，如图 12-5 所示。

② 顶升时顶升横梁没搭好，有一头只搭上一点点，或者只搭在爬爪的槽边上，当顶升到一定高度后发生单边脱落，造成整个塔身上部倾斜，有时就导致倒塔；设置球形液压缸支座的顶升横梁，没有防横向倾斜的保险销，或者有保险销也没有用上；在顶升时顶爪横梁向外翻又没引起注意，结果导致顶升横梁横向弯曲，在得不到限制的条件下，过大的弯曲变形会引起顶升横梁端部从爬爪的槽内脱出，造成倒塔事故。

图 12-5 未拆平衡重先拆起重臂引起倒塔

③ 顶升时装在顶升套架上的两块自动翻转卡板没有可靠地搭在标准节爬爪的顶部，当液压缸回缩使卡板受力时，发生单边脱落，造成单边受力而使顶部倾斜，引发倒塔。

④ 顶升液压缸行程长度与套架滚轮布置不相配，当液压缸全行程伸出时，套架上部滚轮超出标准节顶端，从而引起上部倾斜，导致倒塔。

⑤ 顶升时回转机构没有制动，在偶然的风力作用下臂架发生回转，致使套架引入门的主弦杆单边受力太大而失去稳定，导致上部倾斜而倒塔。

⑥ 顶升套架下面的滚轮距离太短，在不平衡力矩作用下，引起滚轮轮压太大，标准节主弦杆在轮压作用下局部弯曲，导致上部倾斜而倒塔。

⑦ 顶升时没有注意把小车开到足够远处，或者没有吊一个标准节来调节上部的重心位置，使上部重心偏离液压缸轴线太远，导致滚轮的局部轮压太大，使主弦杆局部弯曲而倾斜。

⑧ 液压顶升在套架已顶起一定高度后系统突然发生故障，造成上不能上，下不能下，而作业人员缺乏经验，无法及时排除，停留过久，遇到过大的风力，容易引发倒塔。

⑨ 塔式起重机安装附着时，没有设置结实可靠的附着支点，

当附着架受力时，使支点毁坏，导致上部变形过大而发生重大事故。

⑩ 附着距离远远超过说明书上的附着距离时，不经咨询计算，随意增加附着杆的长度，结果导致附着杆局部失稳，上部变形过大而发生倒塔。

⑪ 塔式起重机超高使用，不经咨询计算，随意增加附加高度，在高空恶劣的风力条件下，因附加风力太大，而发生附着失效，引发倒塔事故。

⑫ 在拆塔和降塔时粗心大意，没有注意调节平衡就拆除回转下支座与标准节的连接螺栓，结果同样会引发顶升时局部轮压过大问题。这时进行起吊，结果导致发生顶部倾斜。前面所述顶升时容易倒塔的各种因素，在拆塔时同样存在。

⑬ 降塔时由于受建筑物的条件限制，容易碰到别的障碍物。轻易开动回转来避开障碍物，很容易造成套架引入门的单根弦杆受力过大而失稳倒塔。

⑭ 在安装中，销轴没有可靠的防窜位措施，有的用铁丝、钢筋代替开口销，日久因锈蚀而发生脱落，销轴失去定位而窜动脱落，导致重大的倒塔事故。

⑮ 安装和拆卸中丢失高强螺栓，不接原规格购买补充而是随意就近购买普通螺栓代用，结果因强度不够而发生断裂，导致倒塔。

(3) 使用、维护、管理不当引起倒塔的事故原因

① 力矩限制器失效、失调　在力矩限制器失效、失调的情况下超载作业是倒塔事故最直接的原因，力矩限制器失灵没有被及时发现，实际起重力矩早已超过额定起重力矩时水平，变幅小车还在往外移动，造成倒塔或折臂而失去平衡，再引发倒塔。

② 过大的起重力矩　力矩器没有调好或失灵的情况下，在不知起重物质量的情况下大幅度起吊重物，造成严重超过额定起重力矩而折臂、倒塔。

③ 过大的横向弯矩　斜拉、侧拉起吊重物使起重臂产生过大的横向弯矩，起重臂下弦杆很容易局部弯曲，从而发生折臂。根部折臂会失去前倾力矩，引起平衡重后倾往下砸，打坏塔身而倒塔，

如图 12-6 所示。

图 12-6　起重臂根部折断引发后倾倒塔

④ 塔吊使用不当　用塔吊拔起物件，导致塔吊和起升机构受到较大的惯性冲击，折断起重臂而倒塔。

⑤ 回转操作不当　在有障碍物的场合下操作回转，快接近障碍物时紧急停车，因惯性太大，横向冲击砸坏起重臂，失去平衡引发倒塔。

⑥ 连接件使用不当　在塔式起重机安装起重臂各节连接过程中，因销轴敲击过重而冲坏卡板的焊缝导致销轴滑脱，或销轴卡板螺钉不用弹簧垫，松脱或未装开口销，造成起重臂突然折断而引起倒塔。

⑦ 塔吊失修　臂架下弦杆导轨磨损锈蚀严重，塔式起重机零部件储存运输不当，造成杆件局部弯曲，失去原有的承载能力，造成薄弱处折臂而倒塔。

⑧ 钢结构疲劳　塔式起重机使用多年，钢结构及焊缝易产生疲劳、变形、裂纹、开焊。易发生疲劳的部位主要有：基础节与底

梁的连接处，斜撑杆与标准节的连接处，塔身变截面处，回转支承的上下支座，回转塔架和臂架接头处的三角挡板。

⑨ 钢丝绳断裂　造成钢丝绳断裂的原因有：钢丝绳断丝、断股超过规定标准；未设置滑轮防脱绳装置或装置损坏，钢丝绳脱槽被挤断；高度限位失效，吊钩碰小车横梁拉断钢丝绳；起重量限制器失效，超载起吊。

⑩ 其他安全装置失效　如制动器、回转限位、变幅限位、大车行走限位等损坏、拆除或失灵。

12.2.2　倒塔事故和断臂事故的防范措施

塔式起重机倒塔事故和断臂事故的防范措施主要针对拆装、使用和塔式起重机本身的质量问题三个方面的事故原因。

(1) 加强塔式起重机的安装和拆卸管理

从近几年报道的塔式起重机事故情况分析可知，塔式起重机拆装过程中发生的事故占到了塔式起重机事故的较大比例，因此做好塔式起重机拆装环节的管理，是确保塔式起重机安全的关键。

① 认真办理拆装申报手续　塔式起重机拆装前，使用单位应按规定向政府有关主管部门进行申报，提供规定的申报资料，经政府主管部门审查批准后方可进行拆装。

② 选择有相应资质的拆装队伍　使用单位进行塔式起重机拆装工作，必须选择具有相应专业资质的队伍承担，不得委托未取得相应专业拆装资质的单位进行塔式起重机拆装工作。

③ 认真编制拆装方案　塔式起重机拆装前拆装单位必须编制详细的、切实可行的拆装施工方案，要将编制依据、工程概况、基础施工、塔式起重机安装和安全措施等内容写入方案，且审核批准签署齐全，并报委托单位批准后执行。

④ 进行安全技术交底　塔式起重机拆装作业前拆装单位还应认真向全体施工人员进行安全技术交底，且要办理安全技术交底确认手续。

⑤ 严格按拆装程序拆装　在拆装作业过程中，拆装人员必须根据不同型号规格塔式起重机的具体要求，严格按拆装程序作业，以防造成安全事故。

⑥ 做好拆装设备的选用　塔式起重机拆装前，应根据施工现

场情况及最大结构件的质量、安装高度等选择相应的起重设备。

⑦ 做好拆装现场的安全防护措施　在拆装现场设立警戒标志，设置安全标语，配备安全员负责现场安全工作。

⑧ 及时办理验收手续和准用证　塔式起重机安装完成后，必须及时请政府主管部门进行现场验收，颁发《准用证》。

⑨ 记录好拆装档案　使用单位要将塔式起重机的拆装技术资料按规定整理记入设备管理档案。

（2）加强塔式起重机的使用管理

使用管理是设备管理的重要环节，是保证在用机械设备始终处于良好的技术状态，确保设备安全运行的关键。

① 建立塔式起重机单位技术档案。设备技术档案是设备管理的重要基础资料，是全面记录设备运转、保养、维修、油品更换、操作人员变动及主要备品、备件更换情况的有效手段，使用单位应对每台塔式起重机建立完整的技术档案。

② 坚持持证上岗制度。塔式起重机的操作和指挥人员必须经过专门的安全技术培训，经考试合格取得操作证后方可上岗。严禁非操作人员、非专业指挥人员和无证人员上岗作业。此条是使用环节中最关键和根本的条件。

③ 加强塔式起重机运行记录管理。塔式起重机操作人员要认真做好设备运行记录的填写，确保填写信息及时、真实和准确。

④ 加强日常检查和保养工作。塔式起重机操作人员要按设备管理制度的规定认真对塔式起重机进行日常检查，要全面细致地检查，重点部位、重要装置要认真仔细检查，发现问题应及时处理。要严格执行维护保养制度，做好塔式起重机的维修保养工作。要坚持定期保养制度和定项检修制度，坚持按维修、保养规程对塔式起重机进行维修和保养。

⑤ 严格按照塔式起重机使用说明书标明的技术性能参数进行作业。塔式起重机使用说明书标明的起重量性能曲线和技术性能参数，是使用和操作塔式起重机的重要依据。塔式起重机操作人员在作业中应严格根据构件和重物的重量、吊运、安装位置核定额定起重量，严禁超限、超载使用。

⑥ 严格按照塔式起重机安全操作规程作业。塔式起重机操作

人员在作业中要严格遵守"十不吊"和交接班制度的规定。对于重要的起重安装作业，事前应有周密详细的技术方案和安全保障措施，操作中应有专人在施工现场负责安全。

⑦ 塔式起重机安全装置齐全有效。塔式起重机操作人员应经常检查塔式起重机力矩限制器等安全装置是否有效。对力矩限制器应定期保养、校核，不得擅自调整，严禁拆卸。

(3) 加强塔式起重机的设备管理

通过加强对塔式起重机的采购、租赁环节的管理，从源头上杜绝质量低劣的设备进入施工企业和施工现场，避免造成不良后果和损失。

① 购买、租赁塔式起重机时，要选购、租赁有政府主管部门颁发生产许可证厂家的对应型号的塔式起重机。

② 认真执行国家和行业等政府主管部门关于淘汰更新老旧设备的规定，及时淘汰更新该类设备。凡国家和各级政府明令淘汰的各种塔式起重机必须停止使用。

③ 购买的塔式起重机到货验收时，要把好验收关。

④ 加强对塔式起重机操作、指挥和管理人员的教育培训。建筑施工企业及其项目部要高度重视塔式起重机的操作、指挥和拆装人员的教育培训，形成制度。结合典型事故案例，重点进行安全法规、相关标准规范、塔式起重机管理制度、塔式起重机拆装工艺、塔式起重机操作规程等方面的教育培训，确保全体作业人员都能达到技术和安全管理制度的要求。

12.3 塔式起重机"滑钩"事故发生的原因和防范措施

吊在空中的物料突然失控掉下，通常把这种现象称为"滑钩"。重物突然下坠和倒塔一样威胁到生命和财产的安全，必须引起高度重视。

12.3.1 "滑钩"事故的主要原因

(1) 使用维护管理不善方面的原因

① 起重量限制器失效 不重视起重量限制器的维护保养，不

调节好起重量限制器就使用，有的甚至故意不用，或加大限制值，使其起不到应有的限制保护作用。塔式起重机的起升机构，往往是多速运行，重载低速，轻载高速，在低速情况下吊起来的物件，吊到一定的高度后，如切入到高速，就有可能吊不起来，而产生向下溜车。当装有起重量限制器时，这时它就会自动切换回低速，而没有起重量限制器就没有这个功能。溜车时驾驶员若处理得当，打回低速，还不致造成事故，但不熟练的操作者，操作不当，就会造成快速下坠事故。

② 起升机构制动器失调或制动力矩不足 起升机构制动器没调好，太松。当起升电动机断电，即起升机构不工作时，吊钩上的吊物下滑；或在超重情况高速下放时，产生溜车下坠。尤其是盘式制动起升机构，更容易发生这种事故。电磁铁抱闸制动器也容易损坏，造成突然溜车下坠。

③ 电磁离合器失效 起升机构选用绕线转子电动机加带电磁离合器换挡减速器的塔式起重机，如果在提升或下降过程中，吊物突然失控掉下，说明电磁离合器失效或打滑。由于电路故障，超载使传递转矩超过电磁离合器的最大值，电磁离合器摩擦片烧伤、拉毛、翘曲和电磁离合器摩擦片之间存在杂物，都是电磁离合器失效的直接原因。

④ 自动换倍率装置切换不到位和未加保险销 自动切换倍率装置，由2倍率换4倍率时切换不到位，也没注意检查，或者没有加保险销，在起吊中，活动滑轮会突然下落，引发重大事故。

⑤ 未能及时对钢丝绳进行安全检查 钢丝绳打扭乱绳严重，没有及时排除而强行使用；钢丝绳沾上砂粒，又没有抹润滑油，磨损严重，有断股现象，又没有及时更换引起断绳下坠；因吊钩落地，钢丝绳松动反弹，钢丝绳跳出卷筒外或滑轮之外，严重挤伤或断股，又没有及时更换；在满载或超载起吊时，引发断绳下坠；钢丝绳末端绳扣螺母没有锁紧，使绳头从中滑出。

（2）产品质量方面的原因

① 起升机构卷筒直径太小，又长又细，一方面使起升绳偏摆角太大，容易乱绳；另一方面钢丝绳缠绕直径小，弯曲度太大，弯曲应力反复交变，容易产生脆性疲劳。过大的弯曲也容易反弹乱

绳，增加钢丝绳的磨损。

②起升卷筒和滑轮，没有设置防止钢丝绳跳出的挡绳板，或者挡绳板与轮缘距离太大，不能有效地阻止钢丝绳跳出。

③自动换倍率装置没有设置防脱扣的保险销。

④起升钢丝绳运动中某些地方和钢结构有轻微摩擦干涉现象，导致钢丝绳磨损过快。

⑤起升机构采用电磁铁换挡调速的塔式起重机，电磁换挡离合器质量不过关，容易磨损打滑。

⑥有些起升机构，仍然在使用销轴式联轴器（即弹性套柱销联轴器），在反复交变负载下，连接销很容易破坏，发生吊重下坠。

12.3.2 "滑钩"事故的防范措施

①调整好制动器　使制动行程在规定的范围内，确保制动可靠。如制动瓦摩擦片的磨损达到磨损极限要及时更换。液压推杆电动机的油质要定期检查，油脏或变质应及时更换。

②严格禁止电工擅自改变电气线路　起保护作用的欠电流继电器的电流整定值应符合塔式起重机使用说明书中的规定。如欠电流继电器动作，应查明引起动作的原因，绝对不允许用短接常开触点的做法掩盖引起故障的实质。引起欠电流继电器动作的原因及纠正措施如下：吊物质量超过了塔式起重机高速挡所允许的载重量，这时操作人员应转换到低速挡恢复工作；供给电磁离合器的直流电压偏低，电压值应在额定值的$-15\%\sim5\%$范围内；对于电磁离合器，如果仅是摩擦片烧伤、拉毛和翘曲，更换摩擦片即可；电磁离合器磁力线圈断路或其他故障，如控制电磁离合器的开关或接触器触点存在接触不良、电磁离合器滑环与电刷之间接触不良等，则需更换电磁离合器。一般地说，凡用电磁换挡的起升机构，不允许满负荷空中换挡。

③做好起重量限制器的调整　试验高速挡电磁离合器的可靠性，分别把起重量限制器上高速挡的限位开关和低速挡的限位开关限制在规定的范围内。

④保持减速箱中油质的清洁　定期检查减速箱内的润滑油，一般减速箱内润滑油的使用周期约为1500h。如油脏或变质，应及

时更换。冬季使用 HJ-20 机械油，夏季使用 HJ-40 机械油。换油时应用汽油清洗减速箱并反复冲洗摩擦片，清除摩擦片中的杂质。

⑤ 停机换挡　操作人员在操作时，如高速挡自动停止工作，应先将重物放至地面，把操作手柄恢复到零位，使起升电动机断电，再将转换开关转换到低速挡位置。绝对不允许在电动机运行过程中换挡。

⑥ 及时停机　操作人员在操作过程中应集中精力，一旦发现有"滑钩"迹象，应立即将操作手柄扳回到零位，由制动器阻止吊钩继续下滑，并及时报修。

12.4 塔式起重机的其他事故发生的原因和防范措施

12.4.1 塔式起重机的安全用电

(1) 塔式起重机安全用电的基本要求

塔式起重机的动力为电力，施工现场工作环境比较复杂，因此对塔式起重机的用电要有特定的安全要求。

① 塔式起重机必须设置单独的电源开关，严禁其他设备与塔式起重机共用一个电源开关，以避免因塔式起重机的错误动作发生事故危险。当塔式起重机不工作或检修时，应当将铁壳开关拉闸。

② 要保护好塔式起重机的供电电缆，特别是行走式塔式起重机。电缆经过人和车的通道处，一定要架空或者套上钢管埋入地下；要经常检查电缆是否有摩擦或被尖锐物品划破，以避免触电事故发生。

③ 控制电路和动力电路要用电源变压器分开，而且控制电路的电压应在 48V 以下。

④ 塔式起重机的工作区，一定要避开高压线，吊钩和钢丝绳不应该跨越电线。

⑤ 要学习和掌握触电解救方法及电气着火的灭火方法，一旦触电事故或电气着火发生时，能够果断及时地采取正确的处理办法。

(2) 触电解救的方法

当发现有人触电时，应当尽快让触电者脱离电源，切断通过人体的电流。

① 低压设备（对地电压 250V 以下）触电　应迅速拉下电源开关、闸刀或拔下电源插头。当电源开关较远不能立即断开时，救护人员可以使用干的木板、木棒或其他不导电物体，拨开电线或拉动触电者，使触电者与电源分开，但不能用金属或潮湿的物件。如果触电者因抽筋而紧握导电体，无法松开时，可以用干燥的木柄斧头、木把榔头、胶柄钢丝钳等绝缘工具砍断电线，切断电源。解救时应一只手进行，以免双手形成回路。

② 高压设备触电　应当立即通知有关部门拉闸断电，并做好各种抢救的准备。如此法不可行时，可采取抛掷裸体金属软线的方法使线路短路接地，迫使保护装置跳闸动作，自动切断电源。特别注意抛掷金属线前，应将软线的一端可靠地接地，然后抛掷另一端。

③ 高位触电　如果触电者在塔式起重机上所处位置较高，必须防止断电后触电者从塔式起重机高处摔下来，并同时采取防止摔伤的安全措施。即便在低处，也要防止断电后触电者摔倒碰在坚硬的钢架或结构物上。

④ 夜晚触电　如果触电事件发生在夜晚，断电后会影响照明，应当同时准备其他照明设备，以便进行紧急救护工作。

触电者脱离电源后，应紧急救护。如果触电者已停止呼吸，但心脏仍在跳动，应立即实施人工呼吸进行急救。即使心跳和呼吸都停止，也不能认为已经死亡，仍要进行抢救，并尽快送医院。

12.4.2　电气火灾的扑灭

在工地上，由于过流、短路等种种原因，容易发生电气火灾；特别是夜间工地，不易发现事故苗头，而工地上建材又多，更容易引起火灾。

当发生电气火灾时，要迅速切断电源，并在切断电源时要防止人身触电。

电气灭火不能用水和泡沫灭火器灭火，因为水和溶解的化学药品有利于导电；只能用二氧化碳、四氯化碳和干粉灭火，还可以用干黄沙灭火。

操作灭火器，应站在风的上方。要求穿戴绝缘劳动保护用品，并要采取防毒和防窒息的措施；在可能条件下，注意尽量保护好电器设备。

12.4.3 塔式起重机其他事故的发生原因和防范措施

（1）变幅小车单边走轮脱轨

变幅小车从起重臂上掉下来或半边挂在空中。原因：小车单边负荷过大，另一边被抬起，使轮缘脱离轨道单边滑动；小车没有设置防下坠卡板或者卡板制作不符合要求，侧面间隙过大，没有起到限位作用。

（2）吊重撞入

吊重撞入主要是指挥人员或操作人员对吊重和臂架惯性估计不足引起，没有及时停车，或者现场人员直接用手去推或拉重物，想让重物停下来。这种现象在场地受限制，缺乏退路的情况下更容易发生。斜拉起吊，当重物离地时容易摆动撞入。

（3）人员从高空掉下来

人员从高空掉下来，多是有关人员不注意安全保护。如不系安全带到危险地方去；不穿工作鞋上高空；还有的人不从爬梯上下，而从标准节外上下；有的人攀吊钩或站在吊重篮内上下。

（4）小件物品坠落伤人

塔式起重机在安装过程中，对于工具、螺钉、螺母、销轴和开口销之类的小件物品，一般要求安装人员把这些小件物品装在工具袋内。但很难避免在安装中拿出来，搁在某个地方，安装完后，没有及时清理干净，因此在塔式起重机安装和使用中，往往就会发生小件物品掉下伤人的事故。

以上安全事故防范的最根本的措施是施工人员要树立安全自保意识，严格遵守塔式起重机的各项安全规程。施工单位加强安全教育和安全检查力度，强化安全意识和普及相关安全知识。

12.4.4 塔式起重机施工现场人员的安全注意事项

预防塔式起重机事故不仅与操作人员和指挥人员直接有关，也与建筑工地现场人员直接有关。工地负责人应该经常对所有现场工作人员宣传安全保护知识。

① 进入工地现场人员都应当戴好安全帽。

② 非塔式起重机操作人员或维护人员不得去拨动任何电气开

关，不得随意拆除工地上的电线。

③ 严禁地面人员站在起重臂下。

④ 上塔辅助工作人员，不得随意向下面抛掷物体。

⑤ 工作人员不得攀着吊钩上下，也不许站在吊篮内上下。

⑥ 所有人员，不得沿着塔身外沿上下，应走爬梯。

⑦ 当塔式起重机的吊重还没有到位或停止摆动时，不可以用手去抓所吊物件。起吊时，严禁斜拉起吊。

⑧ 一旦发生被吊物体突然坠落或臂架往下落时，不要顺着臂长方向跑，而应当向侧面方向跑。

⑨ 在塔式起重机运行中，任何人不得沿塔式起重机随意上下，有必要时，应先与驾驶员打招呼，停止操作时再上下。

⑩ 非塔式起重机指挥人员，不得随意指挥塔式起重驾驶员工作。

参 考 文 献

[1] 李宏.起重机操作工培训教程,北京:化学工业出版社,2008.

[2] 李绍红,战淑红.起重司索指挥作业,北京:机械工业出版社,2010.

[3] 赵明,赵吟海.国内外移动式起重机维修经验集锦,北京:机械工业出版社,2011.